李克明編

美味烹調食譜秘典

上海大方書局出版

自序

民以食爲天，此先聖之言也，然食，亦非易事，能知其道者，雖菜韮可成珍饈，不知其道者，龍團雀舌，殊難下箸。況近日米珠薪桂，治食亟艱，主婦操廚，每苦下手。茲以閒暇之餘，搜羅古今食譜，加以新法實驗，務使其適合潮流。至於烹調試味，尤重衛生；以經濟爲前題，以實惠爲主旨，凡舉法則，決無濫謬。家庭治食，能手一編，按目檢方，食事立可解決。且書中篇目繁多，非但可利於家廚，則酒樓菜業，亦足以之應付自如也。

編者識

美味烹調
家常必備

食譜秘典目次

第一章 炒部

第二章 蒸部

第三章　燻煨部

第四章　炸烤部

第五章　煮部

第六章　醬部

第七章　糟部

第八章　糖部

第九章 酒部

第十章　醃部

第十一章　西菜部

美味烹調 家常必備

食譜秘典

第一章 炒部

一 炒魚翅秘訣

〔炒法〕

取雞汁入鍋。燒至沸。（紅炒用紅湯清炒用白湯）將配頭一併加入鍋內再燒至沸。（用肉絲。蟹粉。魚唇。蝦仁）即將紹酒倒入旋即嘗味。若淡。清炒加鹽。紅炒加醬油。若鹹。加白糖。將魚翅和入。待其入味。便下粉膩。引鑊抄攪。見汁濃厚。即可起鍋。火腿冬筍蓋面。再加麻油。以引香味。

二 炒蹄筋秘訣

〔炒法〕

取油入鍋。用烈火燒透。將蹄筋入鍋。用鑊亂炒。不到片刻。將鷄汁醬油跟和頭等。同時入鍋。關蓋燒透。將白糖撒入。味和之後。即下鹹頭。引鑊徐炒。見汁濃厚。便可起鍋。食時再加麻油。

三 炒腰片秘訣

〔炒法〕

取油入鍋。用溫火燒透。將腰片傾入鍋中。便將鑊刀亂炒。炒後將鷄汁醬油傾入。若用配頭。此時亦須加入。見已發沸。將白糖加入。味和之後。倒入膩頭。用鑊炒攪。見汁濃厚。和入酸醋。便可盛起。再加麻油大蒜。則味更香佳。

四 炒肉片秘訣

〔炒法〕

取油入鍋。用烈火燒紅。將肉片入鍋。引鏟抄攪。見分脫條勻。急將雞汁醬油及配頭一并加入。不必關蓋。少時即將白糖撒入。味和之後。即下粉膩用鏟炒攪。見汁濃厚。便可起鍋。再加麻油大蒜。以引香味。

五　炒青魚祕訣

（炒法）

取油入鍋。用猛火燒熱。將浦浸好之原料。倒入鍋中。引鏟亂炒。見已脫生。即將紹酒向鍋內四邊倒下。急將鍋蓋關緊。不使出氣。少時便將醬油二兩。清水一碗。同時加入。燒沸。將白糖加入。味和之後。再將粉膩倒下。徐徐炒攪。見汁濃厚。便可起鍋。外加蘇油砂仁末大蒜葉三種香料。以引香味。

六　炒五香肉祕訣

（炒法）

取油入鍋。用烈火燒熱。將肉倒入鍋中。引鏟炒攪。見七分成熟。即將好酒醬油甜醬茴香花椒五樣加入。改用文火徐徐烹煮。見味已入。見汁已乾。便可起鍋。放在出風處。便即凝結。狀若排骨。其味甚香。

七　炒蟹粉祕訣

（炒法）

取油入鍋。用烈火燒透。將蟹粉。蟹黃及配頭。（蝦仁或肉絲）一同倒入。開聲引鏟亂炒。霎時即加好酒。將雞汁醬酒一并加入。燒至一透。將白糖撒下。味和之後。便可起鍋。倘喜食酸。此時亦須加入。外加蘇油大蒜。以引香味。

八　炒海參祕訣

〔炒法〕

取油入鍋。用烈火燒熱。將肉絲。海參。一并倒入。引鑊亂炒。約十分鐘。可將好酒向鍋內四邊倒入。閘響關住鍋蓋。引入香味。少時便將肉絲汁。醬油。鹽。筍乾等一同加入。改用文火燒沸數次。將白糖撒入味和之後。便可起鍋。另加香料。其味極佳。

九　炒肝油祕訣

〔炒法〕

取油入鍋。用烈火燒熱。將肝倒入油鍋。引鑊亂炒。見已脫生。便下油塊。並加好酒。再炒一回。即將鹽。醬油及清水一碗。一并加入。若用配頭。此時亦須加入。關蓋燒透。和入白糖。味和之後。即可起鍋。面上再撒大蒜。以引香味。

一〇　炒鷄祕訣

〔炒法〕

取油入鍋。用烈火燒熱。將鷄塊及葱薑倒下。引鑊徐抄。原有茴香此時亦須加入。覩已半熟。即將好酒二兩向鍋內四邊倒入。閘響急關住鍋蓋。片刻揭開。加入醬油及清水。後再燒沸兩次。改用文火燒至八分已熟。將栗子或菜心任用何種配頭。須即倒入。不必炒和。再用文火燒熟。加入白糖。片刻味和之後。便可盛起。食時再加蘇油。其味極佳。

一一　炒鷄片祕訣

〔炒法〕

取油入鍋。用猛火燒熱。將鷄片倒入。急將鑊刀抄攪。少時將好酒倒下。連將雞汁配頭（干貝。薺菜或蘇菇香菌）鹽或醬油一并加入。不必關蓋。少時將糖撒入。味和之後。便可起鍋。再加蘇油。大腿蓋面。即可食矣。

一二　炒野鷄野鴨秘訣

〔炒法〕取油入鍋。用烈火燒透。將野雞或野鴨及葱薑茴香倒入。聞聲引鏟徐炒。再三翻覆。見其將酥。便將好酒倒入。急閤鍋蓋。少時將雞汁鹽及醬油與配頭。倒下改用文火燜燒三透。將白糖加入。味和之後。便可起鍋。再加蘇油。以引香料。

一三　炒油蝦秘訣

〔炒法〕取油入鍋。用烈火燒熱。將蝦倒入。聞聲引鏟亂炒。少時下鹽及好酒。見已脫生。便即起鍋。用熱油澆好之醬油拌食。另加蘇油。味頗香嫩。

一四　炒大蝦秘訣

〔炒法〕取油入鍋。用烈火燒熱。將配頭入鍋先抄。少時加入大蝦。再炒。將酒倒下。聞聲急閤鍋蓋。旋即加水及鹽。再燒一透。將白糖加入。味和之後。即可起鍋。

一五　炒鱔和秘訣

〔炒法〕取油入鍋。用酒火烈熱。將葱薑鱔絲一并倒入。聞聲急引鏟亂抄。約五分鐘。見已七分成熟。取好酒倒下。急閤鍋蓋。少時即將雞汁醬油同時加入。復燒一透。此時用文火燒爛爲止。將白糖撒入。味和之後。即下膩頭。用鏟徐炒。見汁濃厚。便可起鍋。另加蘇油。砂仁末以引香味。

一六　炒時件秘訣

〔炒法〕取油入鍋。用烈火燒紅。將肝雜等倒入。一陣亂抄。將雞汁醬油同時倒下。若用酡頭此時亦須加入。關蓋再燒一透。爲度。將白糖粉膩同時倒下。一陣亂炒見汁濃厚。便可起鍋。滴些蔴油以引香味。

一七　炒肉絲祕訣

〔炒法〕取油入鍋。用烈火燒熱。將肉絲入鍋。引鏟亂抄。使其條條分開。將好酒向鍋內四邊倒下。便急關蓋少時將鹽醬油及清水依次加入。攪和之後。便下酡頭。關蓋再燒二透爲度。將白糖加入。味和之後。即可起鍋。再加蔴油大蒜。味更香佳。

一八　炒肝絲祕訣

〔炒法〕取油入鍋。用烈火燒熱。將肝絲倒入。一味亂炒。見已脫生。將醬油雞汁一同倒下。見其發沸。再加白糖。(若須酸醋此時亦須加入)即可起鍋。加些蔴油大蒜。以引香味。

一九　炒硫黃蛋祕訣

〔炒法〕取油入鍋。用烈火燒熱。將打和之蛋汁倒下。關聲。即引鏟亂篩。使蛋各自分勻成爲細絲。不許幷塊。見已脫生急可起鍋。以便可食。

二〇　炒雞肉魚鬆祕訣

〔炒法〕取油入鍋。用烈火燒熱。將雞肉或魚肉或豬肉入鍋。改用文火徐炒。直至水分全乾。纖維蓬鬆。

將濃汁半杯倒入。引鍋炒攪焙乾。盛起盒品藏之。以便可

二一　炒素肉丸祕訣

〔炒法〕取油入鍋。用烈火燒熱。將素肉丸加入鍋中。面面煎炒。見已四面炸黃。將醬油。青菜。扁尖香菌湯一同倒下。復燒一透。將白糖入鍋。味和之後。即可盛起。外加蔴油。味更可口。

二二　炒素三鮮祕訣

〔炒法〕取油入鍋。用烈火燒熱。將毛豆子。油麵筋。斤斤菜。木耳。香菌等一幷入鍋。引鑊炒攪約五分鐘。將醬油及水一同加入。燒透。撒白糖入鍋。味和之後。即可起鍋。另加蔴油大蒜。以引香味。

二三　炒素鷄祕訣

〔炒法〕取油入鍋。用烈火燒熱。將百葉塊入鍋煎透。一面色黃。翻轉再煎。直至兩面皆黃。取水一碗。（一放扁尖香菌湯最好）跟扁尖香菌醬油等。一同入鍋。隨手關蓋。燒透。撒白糖捧下。味和之後。便可起鍋。另加蔴油。以引香味。

二四　炒冬菰祕訣

〔炒法〕取油入鍋。用烈火燒熱。將冬菰倒下。關鑊。引鑊亂炒。少時便將配頭同下。將湯汁醬油倒下。一透為止。將白糖撒入。味和之後。便可起鍋。若須下膩。此時亦可加入。引鑊徐攪。見已濃厚。即可盛起供食。外加蔴油。味尤香美。

二五　炒新蠶豆子秘訣

〔炒法〕取油入鍋。用烈火燒熱。將新蠶豆子倒入鍋中。聞聲引鏟亂炒。見已脫生。將鹽和火腿加入。用鏟再炒勻後。微下些水。關蓋再燒。二透爲止。將白糖加入。味和之後。即可起鍋。外加蔴油。以引香味。

二六　炒芋艿秘訣

〔炒法〕取油入鍋。用烈火燒熱。將芋艿倒入。聞聲。引鏟亂炒。見已脫生。將鹽及葱屑一井加入。引鏟再炒。微下些水。關蓋再燒。改用文火。以爛爲度。

二七　炒辣茄秘訣

〔炒法〕取油入鍋。用烈火燒熱。將扁尖。豆腐乾。毛豆子。三物。先行入鍋。聞聲引鏟亂炒。將醬油倒入。微下些水。再加辣茄。將白糖撒入。味和之後。即可起鍋。外加蔴油。便可應食。

二八　炒金花豆秘訣

〔炒法〕取油入鍋。用烈火燒熱。將金花菜和鹽一同加入。引鏟亂炒。見已脫生。將好酒向鍋內撥入。聞聲。急關鍋蓋。燒至兩透。將金花菜用筷撈起。盛於醬油碗內。抄拌均勻。即可取食。

二九　炒芹菜秘訣

〔炒法〕取油入鍋。用烈火燒熱。將芹菜入鍋。聞聲。引鏟亂炒。見已脫生。將食鹽跟醬油及少許清水。一同加入。二透爲止。取白糖加入。味和之後。便可起鍋。另加蘇油。以引香味。

三〇　蛋炒飯秘訣

（炒法）取油入鍋。用烈火燒熱。將蛋倒入。聞聲。引鏟亂篩。勿使凝結成塊。然後將飯倒入鍋中。將鏟亂炒。復將肉屑食鹽。繼續加入。再炒數下。即可起鍋。用雞汁。過食火腿冬筍蓋面。味頗鮮美。

三一　炒麵秘訣

（炒法）取油入鍋。用烈火燒熱。將掛麵倒入。聞聲。引鏟徐炒。煎到四面作黃。結聯成團。將蒸熱之配頭。連水倒下。則團自能解散。起鍋盛盆。另加蘇油。即可供食。

三二　炒糕秘訣

（炒法）取油入鍋。用烈火燒熱。將肉絲倒入。聞聲。引鏟亂炒。見已脫生。即將好酒潑入。將雞汁醬油年糕。食鹽一并倒入。再炒二透爲止。

三三　炒餛飩秘訣

（炒法）取油入鍋。用烈火燒熱。將餛飩葱屑入鍋。聞聲。引鏟攤平。撒些食鹽。一面煎黃。再煎一面。兩面皆黃。即可供食。

三四　炒蘸鹽杏仁秘訣

（炒法）

取砂入鍋。用烈火燒紅。將杏仁倒入。一味亂炒。見色已黃即熟。便可鏟起。篩去砂屑。偏洒鹽湯使杏仁皮發白。即可食。

三五　炒餃子秘訣

〔炒法〕

將鍋爐燒熱。將餃子倒入。引鏟亂炒。一見爆發。即將油倒下。（鹽炒用鹽水倒下。）再炒數次。便可起鍋。即可供食。

三六　炒葷三鮮秘訣

〔炒法〕

取油入鍋。先行澆熱。後將肉圓。魚圓。海參。雞肉。冬筍。香菌。一并倒入油鍋。引鏟炒攪。二透。可將清水一碗。倒入急關鍋蓋。一透。將紹酒。醬油。一并倒下。不必關蓋。再炒一透。即可起鍋。加些葱。蒜。以引香味。味極鮮美。

三七　炒雞丁圓子秘訣

〔炒法〕

先將牛乳油二勺半。溶化於鍋內。復加灰麵五勺。牛乳一杯。以湯勺時時攪之。俟其成羹。遂以雞丁二杯。鹽半勺。胡椒一撮。及切碎之洋芫荽。芹菜少許。一并投入。仍以湯勺攪之使勻。旋即將羹傾於一盆內。以待其冷。再揑成蛋圓形。入鍋炒之。俟成黃色。即可食。（炒此圓之熱度。須在華氏寒暑表三百九十度以上。炒至四十分鐘。即成黃色。）

三八　炒干貝爆蛋秘訣

〔炒法〕

取油入鍋。用烈火燒熱。然後將已打和之蛋。及干貝。食鹽。葱屑。加紹酒兩許。一丼倒入鍋內。引鏟徐炒。少頃。（不宜多時）即可盛起供食。味美且嫩。

三九　炒麵祕訣

〔炒法〕

將麵入沸水內燒之。少頃隨即撈起。攤開吹乾。然後將葷油入鍋煎透。再將麵倒入炒之。不可停手炒至良久。和以醬油等。再炒透。盛於大盆。上蓋以火腿數片。如有蝦仁火肉屑冬筍屑等更佳。如喜食酸者。可加醋蘸之亦妙。

四〇　紅炒鷄祕訣

〔炒法〕

將鷄殺就。切成小方塊。漂洗潔淨。再以油鍋燒熱。然後將鷄塊倒下。以鏟刀翻覆炒之。待其脫生。即下以酒。同時下以清水一碗。及醬油二兩。如下栗子。亦可同下。關蓋煮之。俟其水乾鷄熟。再下白糖。便可鏟起。

四一　炒鷄絲祕訣

〔炒法〕

將鷄殺就。專取胸膛。清水漂淨。以刀細細橫切爲絲。然後再將油鍋燒熱。鷄絲倒下。急以鏟刀連連攪炒。分撥其絲。使各離開。勿使黏成一塊。脫生即將醬油陳酒一齊倒下。微和以水。再炒數下即熟。

四二　炒鷄鴨雜祕訣

〔炒法〕

將鷄雜洗淨。用鹽打去其污。再洗數次。用刀切成小塊。炒時先以葷油燒熱。倒入鍋中。用鏟炒攪。待其脫生。即下以酒。少時再下醬油及水。再燒一透。徹下白糖。便可盛起矣。

四三　炒腰子祕訣

（炒法）

將腰子破開。用刀剜去其筋肉。正面斜劃細紋。深約一分。劃就交叉切成薄片。長約八分。切就。用清水及酒漂之。炒時以葷油入鍋。燒至沸時。將漂清之腰片倒入。以鏟炒之。脫生即下以醬油同水及醋。再以白糖正粉便可鏟起。（正粉須用水化之）

四四　炒醋魚祕訣

（炒法）

將青魚刮去鱗皮。用刀破成二塊。剔去大骨。洗淨血腸。然後在砧板上切成薄片。約七分長。一寸闊。切就。以醬油。酒葱等淆之。然後倒油入鍋。先燒至沸。即以魚片倒下。用鏟炒之。待其脫生。下以醬油和水一碗。如有冬筍。亦於此時同下。燒一透。再下以醋。霎時徹下白糖。便可鏟起矣。

四五　炒蟹粉祕訣

（炒法）

將葷油倒入鍋中。燒熱。以及打和之蛋倒下。用鏟攪拌。觀其將熟未熟之際。即將蟹肉及肉絲倒下同炒之。使蛋包住蟹肉。（蟹黃須留起半熟放下。盛於碗面。藉以美觀。）即下以酒。霎時再下醬油及水。燒一透。徹下白糖。便可鏟起。再用大蒜葉灑之於面。食之更覺清香。

四六　油炒蝦祕訣

（炒法）

將蝦洗淨去鬚。用酒鹽浦之。然後取油入鍋。燒之極熱。鏟起若干放於醬油盆中隨時即將浦好之蝦倒入熱油鍋中用鏟亂炒。覷其色紅。便即鏟起。盛於醬油盆內。食之非常鮮潔。

四七　炒蝦仁秘訣

（炒法）

將蝦仁和酒。倒入熱葷油鍋內。炒數下。便下冬筍塊及醬油。徹和以水。再炒片刻。略下白糖。便可盛起矣。

四八　炒三鮮秘訣

（炒法）

將筍乾隔夜放好切細。金針菜木耳亦須先時放麵。（用溫水放之）油麵筋用剪剪碎。燒時將油鍋燒熱至沸。即以油麵筋筍乾木耳等加下炒之。少刻下以醬油毛荳並和以水。關蓋燒之。數透即就起鍋。須下白糖少許。以引鮮味。

四九　炒粉皮秘訣

（炒法）

將粉皮入碗。先用溫水及鹽捏之。以去酸氣。取出用刀切成細條。（長二寸闊三分）即入熱油鍋中炒之。霎時下以鹽及雪裏紅。再炒數下。即可盛起。

五〇　炒新蠶荳秘訣

（炒法）

將荳剝去其殼。燒熱油鍋。先投以鹽。速手即將蠶荳倒下。炒之少時。徹和以水。悶燒數透。即好。味很鮮嫩。

五一　炒青菜百葉秘訣

〔炒法〕
將青菜洗淨。用刀切細。將百葉在熱水內浸之。少時取出。切成細絲。然後燃火燒熱油鍋。及沸。以鹽投下。急將青菜連手倒下。用鏟炒之。霎時和以百葉醬油及水少許。關蓋燒之二透便就。

五二　梨炒鷄秘訣

〔炒法〕
取雛鷄胸肉切片。先用猪油三兩熬熱。炒三四次。加麻油一瓢。蒸粉鹽花。姜汁花椒末各一茶匙。再加雪梨薄片香蕈小塊。炒三四次起鍋。盛五寸盤。

五三　黃芽菜炒雞秘訣

〔炒法〕
將雞切塊。入油鍋生炒。滾二三十次。加秋油後滾二三十次。下水滾。將菜切塊。俟雞有七分熟。將菜下鍋。再滾三分。加糖葱大料。其菜要另滾熟纔用。每一隻用油四兩。

五四　炒掛麵秘訣

〔炒法〕
置掛麵於沸水中。隨投隨取。再浸入冷水內。然後用葷油炒之。炒後結連成團。以醬油及蝦子湯少許投下。（蝦子可先煎湯）則團自解。味甚鮮美。

五五　炒瓜子秘訣

〔炒法〕
新鮮西瓜子。洗淨曬乾後。用鹽炒之。裝以洋鐵罐。久置不壞。或用玫瑰水炒。尤香脆。

五六　糖炒栗子秘訣

〔炒法〕將栗子揀別大小。放於一處。（每鑊栗子之大小必須相等）俟砂炒熱。同淨糖一齊倒入。用鏟炒攪。不可停手。待其爆發。有二三顆以上者。便即鏟起。乘熱食之。甜香異常。

五七　炒向日葵秘訣

〔炒法〕將向日葵。晒乾揀淨。然後入鍋炒之。燒以文火。炒至熱時。不可停手。待其爆發。便可鏟起。裝於錫罐之中。不時可食。（如南瓜梧桐等子炒法均同故略之）

五八　炒玉蜀黍秘訣

〔炒法〕將老玉蜀黍子。入鍋燒之。徵用柴帚炒攪。待其開花爆發。則將鍋蓋關好一半。盡力將柴帚炒攪。使其全行開花。炒就鏟起。裝於磁鉢。食之其味甚佳。以餉小兒尤宜。

五九　炒蘸鹽杏仁秘訣

〔炒法〕倒砂入鍋。先行炒熱。然後再將杏仁入鍋炒之。不可停手。炒至色將微黃而熱。便可鏟起。篩去其砂。再用極濃鹽湯洒之。少頃杏仁身呈白霜。食之味油而香。洵佳品也。（炒蘸鹽果肉其法均同）

六〇　炒蛋蟹秘訣

〔炒法〕將雞蛋黃白分開。各自打和。拌以木耳。木耳須切大小不等之塊。置油鍋中炒之。再加鎮江醋與生薑米。霎時和入白糖。旋即取出。盛於碗中。其味與色。不亞於真蟹。

六一　炒菱頭祕訣

〔炒法〕將菱頭摘取嫩頭。去其根葉。入鍋焯透。用油炒之。加以食鹽。及甜醬清水。再燒一透。和以白糖。鏟起供食。

六二　炒筍鞭祕訣

〔炒法〕將筍鞭用刀切去老頭。再斜切細絲。倒入鍋中鏟之。然後將茅荳子。木耳。醬油食鹽。依次加入。少下清水。燒數分鐘。和以白糖。即行起鍋食之。頗爲甘旨。

六三　炒絲瓜祕訣

〔炒法〕將絲瓜用碗鋒刮去其皮。用刀切成纏刀塊。用菜油入鍋炒之。少時。下以茅荳子百葉。再加食鹽。燒二三透。即熟。

六四　炒素肉絲祕訣

〔炒法〕將荳腐乾油荳腐。用刀切成細絲。再將蘑菇木耳放好。即將油鍋燒熱。倒入炒之。爆透。下以醬油及清水。並加食鹽少許。然後再燒。和下白糖。滴入蔴油。就可供應矣。

六五　炒菓菜祕訣

〔炒法〕將白菓。栗子。荔枝。松子肉。青菱。冬筍去殼。藕。紅棗。胡桃肉。山藥。百合。芋艿。茨菇。荸薺去皮。再將冬筍及藕用刀切片。山藥切斷。入鍋加白糖清水煮之。烹燴成菜。風味頗佳。

六六　炒紅花祕訣

〔炒法〕將紅花純摘葉莖。洗淨後。倒入油鍋中炒之。下以食鹽陳黃酒。再將碗內先用醬油。澆以燒酒。俟紅花燒熟。即行拌和之。其味亦鮮。

六七　炒芹菜祕訣

〔炒法〕將芹菜剝去枯葉。洗淨後。用刀切斷。再將油鍋燒熱。倒入炒之。然後下以醬油食鹽清水等一透。味和再透。起鍋便可供食。味很豐美。

六八　炒茄子祕訣

〔炒法〕將茄子洗淨。切成纏刀塊後。傾入油鍋中煎之。下以好酒。引鏟炒之。再加清水二透之後。加入白糖。蘇油。便可供食。其味香嫩可口。

六九　炒冬菰祕訣

〔炒法〕將冬菰放好。倒入熱油鍋炒之。少時下以放好之木耳。金針菜及鹽油。鹽清水等一透之後。和糖嘗味。食時加滴蘇油。味鮮無埒。

七〇　炒磨腐祕訣

〔炒法〕將磨腐切成小塊後。倒入油鍋中炒之。霎時下以油醬食鹽。再炒片刻。即可鏟起。盛於碗內。加以蘇油數滴。即可供食。

七一　炒腐丸秘訣

（炒法）先將豆腐切成方塊。然後以豆腐、扁尖。冬筍。香菌等和醬油。拌在一起。用豆腐衣包成肉丸形。再將油鍋燒熱。倒入煎黃。加以醬油。香菌湯燒透。下白糖。起鍋加蘇油。便覺清香適口。

七二　炒萓瓣秘訣

（炒法）將萓浸爛。剝成萓瓣。在飯鍋上蒸酥後。倒入油鍋中炒之。下些鹽花。少時再加醬油鹽菜及清水等。二透之後。和以白糖。便可食矣。

七三　炒素雞秘訣

（炒法）先將百葉五張。疊齊卷緊紮好。入鍋燒熟後。用板重力壓扁。切成雞塊。然後倒入熱油鍋內。煎透。下以香菌。扁尖。及放好之香菌湯醬油等。蓋燒二透之後。和以白糖。起鍋時再加蘇油。食之味美嫩而可口。

七四　炒假筍片秘訣

（炒法）將芋麥梗去芭粒。用刀切成筍片。倒入熱油鍋中炒之。約炒三四分鐘。加以醬油清水。一透之後。和以白糖。起鍋另滴蘇油。香味更佳。

七五　炒雪筍塊秘訣

（炒法）將筍切小塊。雪裏蕻切成細屑。一同倒入。熱油鍋中。攪炒片時。放下毛豆子。醬油。清水。再燒一二沸。和下白糖。即可鏟入盆中。將蔴油滴入其味頗美。

七六　炒茭白絲祕訣

〔炒法〕將茭白先切薄片。再切成細絲。然後將菜油。燒沸。倒下炒之。少時加以醬油清水。再炒片時。將白糖加下和味。食時另加蔴油。以引香味。

七七　炒長荳祕訣

〔炒法〕將長荳剪成寸段。用清水洗淨。倒入油鍋內炒之。將食鹽放入。再隔片時。下以清水。即行關蓋。煑熱少時可食。

七八　炒素肉圓祕訣

〔炒法〕將荳腐去水。同筍屑。香菌。木耳屑。拌在一起。加以醬油。食鹽。再拌。然後用荳腐衣包裹成圓。即行放入油內爆透。摻些食鹽。少時再下醬油白花菜。清水。關蓋煑一二透。加糖嘗味再食。

七九　炒大蒜頭祕訣

〔炒法〕將大蒜頭去根鬚。洗淨後。倒入熱油鍋內。炒之。少時加以好酒。關蓋時再加醬油及清水一碗。燒爛稍下白糖。即就味頗香嫩。

八〇　炒素十景祕訣

〔炒法〕將蔴蓁。冬菇。扁尖。香菌。白果。放好。荳腐衣扁尖切絲。油荳腐。筍切片。同毛荳子。油條。倒入熱油

鍋內炒之。約八九分鐘。下以食鹽。醬油。及蘇菰
湯等。然後關蓋燒熱。起鍋前再和入白糖。蘇油。
一透。便可食矣。

第二章　蒸部

一　蒸魚翅秘訣

〔蒸法〕

取配頭放在碗底。將魚翅蓋在上面。更將火腿平鋪翅上。再取醬油。好酒。雞湯等。同時加入碗內。將翅碗移置鍋架上。燃火燒之。二透便熟。若蒸飯鍋。飯熟亦熟。食時加些蘇油。以增美味。

二　蒸湯鴨秘訣

〔蒸法〕

取火腿。干貝。蘇菰。榨菜。葱薑。黃酒。醬油等。一并灌入鴨之肚內。然後裝入大盆。澆浸雞湯。上面再覆一盆。移置鍋架。關上鍋蓋。用火燃燒。不可開蓋。二透之後。改用文火帶燜帶燒。二時可就。

三　蒸鵝秘訣

〔蒸法〕

取肥鵝。用食鹽徧擦肚內。中實葱薑。外敷蜜酒。移置鍋架。勿使近水。關蓋封固。用文火徐徐燃燒。燒至二時。便可起鍋。撕肉成條。再蘸醬油蘇油。即可供食。

四　粉蒸肉秘訣

〔蒸法〕

取消好之各種肉塊。每塊用筷帶水。揞入炒米粉內。粉滿取出。用荷葉包裹。其餘類推。將荷葉包好之肉。移置鍋架。蒸至肉將出油。便可取食。

五　蒸鹹魚秘訣

〔蒸法〕將鹹魚。豬油。紹酒。白糖。薑。葱。食鹽。一并加入碗中。微下些水。將鹹魚碗移置鍋架。關蓋便蒸。二透即就。若蒸飯鍋。飯熟亦熟。

六　蒸包風魚秘訣

〔蒸法〕取鯽魚。豬魚。紹酒。白糖。葱。薑。同入碗中。不必加水。將魚碗移置鍋架。關蓋燃燒。二透便熟。或蒸飯架上。飯熟亦熟。

七　蒸鮮魚秘訣

蒸法　取鮮魚。豬油。扁尖。蔴油。紹酒。食鹽。葱薑。頂好醬蔴油同加入碗內。微下些水。將魚碗移置鍋架。關蓋便蒸。蒸透便熟。若熱在飯架上。飯熟亦熟。

八　蒸蛋秘訣

〔蒸法〕取鷄蛋。干貝。蝦。麻雀。海蜒。東尾。腿花肉。一并加入碗內。已經打和之蛋碗。移置鍋架上。鍋蓋緊閉。燃大便燒。燒透之後。微火帶燜。半時可熟。

九　蒸肉心蛋秘訣

〔蒸法〕取肉腐如蛋黃大小一團。徐徐納入蛋殼。（蝦肉。蟹肉。豬肉。）蛋白一并灌入。再用洋皮紙封口。將蛋碗移置飯架上。一透便熟。破殼食之。頗饒風味。

一〇　蒸火腿秘訣

〔蒸法〕取干貝。火腿。蝦子醬油。白糖。葱薑。一并加入碗內。使將油紙固封其口不許漏去原味。移置鍋內蒸燉二透。改用文火再燜半時。即可食矣。

一一　蒸蟹秘訣

〔蒸法〕將水鍋先行燒熱。取陳酒澆於蟹之口部。其內部所藏之水分。既因吹沫噴乾。見酒必定吸取。旋即平舖鍋架。關蓋再燒一透之後。翻身再燒。少頃便熟。食須趁熱。

一二　蒸埣飯糕秘訣

〔蒸法〕將淘清之糯米。上甑蒸熟。便成埣飯。將埣飯用布包裹。搦和使成長方形塊。用刀切成薄片。置入油鍋。炸透後。和以食鹽葱屑。即可食俱。

一三　蒸肉糕秘訣

〔蒸法〕將猪油逐個嵌入棗內。盛在大碗。和以蜜糖。將棗碗移置鍋架。關蓋便蒸。以胖爲度。若蒸飯鍋。飯熟亦熟。

一四　蒸燒賣秘訣

〔蒸法〕取鎂箍肉餡。包入打好之燒賣坯內。使成佛手狀。將燒賣移置甑內。上鍋便蒸。以熟爲度。

一五　蒸年糕秘訣

〔蒸法〕取米粉和糖汁。入篋拌勻如糊粉。拌就便上甑蒸熱。將蒸熱之糕坯。移置台上。二人用扁擔撳搦。使凝為度。搦時上面須襯用清水潤濕之白布。以防黏貼。若蒸豬油蜜糕。在此時須將豬油胡桃肉等。同時搦和。搦就後年糕可用線結成方塊。上戳木印。並洒桂花蜜糖豬油糕。亦須用刀切成方塊。以便供食。

一六　蒸八寶肉丸秘訣

〔蒸法〕取肉腐跟火腿。松子。香菌。筍尖。荸薺。醬瓜。葱薑等。一并同真粉捏在一起。做成團圓後。逐個放在醬油黃酒之盆內。將肉圓盆移置鍋架。引火便燒二透。即就。食時下些蘇油。以引香味。

一七　蒸香腸秘訣

〔蒸法〕取香腸。用刀斜切。切成薄片。平攤盆內。將香腸盆移置鍋架。關蓋便蒸一透即熟。若蒸飯鍋。飯熟亦熟。

一八　蒸豬腦湯秘訣

〔蒸法〕取腰子。豬腦。干貝。大蝦。火腿。冬筍。醬油。紹酒。葱。一并放入碗內。加水一碗。將豬腦碗。移置鍋架上。引火燃燒一透。便就。若蒸飯鍋。飯熟亦熟。

一九　蒸蛋衣包肉秘訣

〔蒸法〕取肉腐。用蛋衣包裹成卷。裝入大盆。將蛋衣包肉碗。移置鍋架上。關蓋便蒸二透。即熟。其味頗美。

二〇　蒸肉絲湯秘訣

〔蒸法〕

取腿花肉絲。鴨蛋。榨菜。冬筍。薺菜。火腿肉絲。鷄湯一碗。醬油好酒一同加入碗內將碗移置鍋架。燒燉二透。稍燜便熟。

二一　清蒸荷葉包肉腐祕訣

〔蒸法〕

取肉腐和豆粉。火腿屑等。拌在一起。倒入荷葉。裹成一包。將荷葉包肉腐移放架上關蓋便蒸。一透即熟。其味肥美。

二二　清蒸獅子頭祕訣

〔蒸法〕

取猪肉。豆粉。鷄蛋。紹酒。食鹽。葱薑。醬蘇油。用筷打和。然後將刀同肉腐在掌心中做成扁圓形肉丸。大小各任其便。取荷葉或菜葉。先鋪鍋架上。再將肉丸。分別置在葉上。上面再覆以葉。將鍋蓋緊閉。用文火燒透。改用微火稍燜。即熟起鍋。用醬蘇油蘸食。鮮嫩無比。其味極佳。

二三　蒸翡翠糰祕訣

〔蒸法〕

取青糰粉。捏成鴨蛋般大小。中間要空。便將大麥草。糯米。猪肉。芝蔴。玫瑰醬。赤豆。包入糰內。搓成圓形。將做就之青糰。逐個平攤在竹墊。上鍋便蒸。以熟爲度。移放籃內。上戳紅印。便可供食。

二四　蒸羊膏祕訣

〔蒸法〕

取羊膏。羊肉汁。醬油。白糖一撮。醋。大蒜葉。一井加入碗內。將肉碗移置鍋架上。關蓋便蒸二透即就。食時再加大蒜。以引香味。

二五　乳腐露蒸豆腐秘訣

〔蒸法〕

取醬乳腐露。豆腐。油菜。鹽花。扁尖。香菌。一并加入碗內用筷攪和。將豆腐碗。移置鍋架上。關蓋便燒。一透即就。若蒸飯鍋。飯熟亦熟。其味頗佳。

二六　蒸猪油蛋糕秘訣

〔蒸法〕

取鷄蛋。白糖。猪油。桂花。麵粉。打和在一起。將鋼鍋移置架上關蓋便蒸三透即就。食時切作條塊。味很肥美。

二七　蒸八寶飯秘訣

〔蒸法〕

取白糯米飯。和猪油。白糖。在鉢內拌和。將蓮心。芡實。桂花。青棗。櫻桃。桂圓等。先鋪在飯碗底內。然後將拌就之米飯。碗碗裝成八分一碗。用盆覆蓋。移置鍋架上。關蓋便蒸。三透可熟。食時將碗翻轉。飯落盆中。狀若豬蹄。味極肥美。

二八　蒸松子胡桃糕秘訣

〔蒸法〕

取糯米粉。和白糖湯。在籃內拌和。用手搓成細條。仍須在篩眼內篩過。爲佳。取甑籠鋪好葛布。篩粉一層。撒松子肉一層。再篩一層。撒胡桃肉一層。反覆行之。約三四寸厚。將甑籠移置鍋架上。關蓋便蒸。以熟爲度。上面黏些桂花。以引香味。

二九　蒸蛋心燉肉秘訣

〔蒸法〕

將豬肉切細。和入葱屑。盛於盆中。剋生雞蛋一枚於中心。然後加好醬油陳酒各半杯。上鋪筍丁。薑屑少許。置飯鍋上蒸之。至飯熟爲度。取出味香可食。鮮美無雙。

三〇 清燉肉腐秘訣

(蒸法)

將豬肉煨爛。切之成屑。和以麵汁。用荷葉包裹。移置於籠上一沸即可取出。加以麻油醬油。其味絕佳。如預放蝦米等則尤妙但切忌先和以鹽類。

三一 蒸肉糕秘訣

(蒸法)

將精肉輾轉切細。(和鹽少許亦佳)捏成厚約三分之平面形。(長闊可隨意能容於鍋爲度。)安置豆腐皮上。(腐皮須放蒸汽上略潮之。因腐皮乾燥。容易破裂)。復將鷄蛋(鴨蛋亦可)多枚。攪之使勻。煎成薄餅數片。切爲細絲。攪亂。平鋪肉上。厚約八九分。此時彷彿洋蛋糕式。乃用蕨粉調水潑之。使能凝結。不致鬆散。乃置鍋內蒸之。取出。亦可如洋蛋糕式。切爲平行四邊形。甚堪下箸。惟食時當用頂好醬油蘸之。如欲久藏。亦可用糟封之。

三二 蒸西湖醋魚秘訣

(蒸法)

去鱗雜洗淨。對剖作二。橫斷爲三。置於盤中。入鍋蒸之。勿著水煮則鮮而且嫩。一面調油醬入鍋。並加細筍丁。俟滾起。乃調藕粉。傾入攪勻。取出所蒸之魚。即將油鍋離火。入魚後。將鍋一掀。令魚翻身即得。亦有魚不落鍋。即將所製油醬作料。澆之魚面者味較鮮淡。而肉白如雪。惟煠溜鱖魚則將魚身劃成哇形。因其肉厚不易透耳。醋溜黄魚法與鯉魚同。

三三　清蒸甲魚秘訣

〔蒸法〕

鼈（俗名甲魚）西人視爲貴品。大餐頭菜多喜用之。然烹煮實不如清蒸爲佳。其法取肥大者宰之。去其頭尾四爪。切分四塊。而不碎其蓋。用酒洗淨。置在大瓷盆中。放好火腿數片。不入水。以籠乾蒸之。歷數小時。自然蒸氣成汁。湯之清腴。味之鮮美。甚於水鷄。

三四　蒸魚秘訣

〔蒸法〕

肥鯽魚。以上好醬油料酒配好。取精肉斬成肉糜。和以少量藕粉。（取其鬆腴）鋪在魚上。俟飯將熟時。（飯將熟時鍋沿常有泡沫泛出）加葱香蕈等。蒸之。俟飯熟數分鐘後。取出食之。味鮮美異常。余家食之。每用此法。蓋通常蒸魚與飯同時下鍋。魚過熟。肉老失其鮮矣。

三五　蒸山藥糕秘訣

〔蒸法〕

將山藥洗淨。連皮入鑊燒爛。撈起去皮。以刀搨之。至無細子爲佳。然後倒入缽中。用狀元糕研末。同糖及葷油一并打和。碗底鋪以香料。徐徐扣好。先將豬油切成細塊。用糖拌就。捏成葡萄形。每碗中嵌一塊。或用豬油夾砂亦佳。嵌就。覆以盆上。甑蒸至極透。取出翻轉。每盆如一蹄膀。開食之。豬油悶煠。香味襲人。其味之美。罕與倫比。

三六　蒸猪油雞蛋糕秘訣

〔蒸法〕將雞蛋去殼。入鉢內。同糖用竹帚一齊打和。然後再加入白麵再攪之。傾入紫銅鍋中。再以豬油切成細塊。與白糖桂花洧之。洧就亦入鍋中。上甑蒸透。至乾爲佳食之令人香肥適口。勝於市肆所售之蛋糕萬倍。

三七　蒸蟹肉饅頭秘訣

〔蒸法〕將白酒脚一小茶杯。清水三大茶杯。傾入鍋中燒之。和以白糖及鹽。燒之微熱。便即盛起。即以白麵拌之。特其性來。（以刀切開麵內發孔便是性來）漉以鹼水。漉就。即將麵搓成長條如棍。用刀切斷以掌扁之然後將蟹肉作心包就。即刻上甑。蒸至極透。便可食矣。

三八　蒸年糕秘訣

〔蒸法〕將糖先融化成水。同粉拌和。以捏得成團爲佳。拌就上甑蒸熟。取出用白夏布包成長方。二人再以扁担壓之。在條臺上壓緊。用蘇線結斷。適成方正。平鋪於洗淨之檯上。加以桂花。並將花印蘸胭脂蓋之。以圖美觀。

三九　蒸蜜糕秘訣

〔蒸法〕將蜜糖溶化成水。以糯米粉拌濕。如年糕手續。拌就上甑蒸熟。取出用手捏之。和以切細之豬油。及各種香料杏仁。松子肉。交子肉等。捏緊平置於方盤之內。俟冷切片食之。味美不可言。

四〇　蒸青魚秘訣

〔蒸法〕將青魚開肚去鱗。漂洗潔淨。用鹽及酒同葱一井㳺於大洋盆內。徹下醬油。少時入鍋爆之。油鍋須熱。爆黃一面。翻轉再爆。二面皆黃。即連油鏟入大海碗內。香菌扁尖。亦於此時放入。（但須要早時用沸水㳺好）同時下以醬油及清水。使之八分滿碗。乃再入沸水鍋內隔湯燉。或飯鍋中蒸之亦可。燉數透。即可食矣。

四一　蒸茄子秘訣

〔蒸法〕將茄子洗淨。在飯鑊上蒸之。另以一碗。置以醬油。及蔴油。亦在飯鑊上蒸之。迨透取起。以茄撕成細條。放入盆中。食時用蒸熟之醬蔴油澆之。其味頗美。

四二　蒸火腿干貝秘訣

〔蒸法〕取頂大干貝。浸水中一日取出。（水可留作別用）。置入碗中。上覆以厚片雲腿。再加蝦子醬油少許。用紙封固。蒸飯鍋數餐。取食香味俱勝。

四三　麻雀燉蛋秘訣

〔蒸法〕去雀之毛及腹內物。連骨斬之極細。同雞蛋二枚打透。加醬油猪油。置於飯鍋上燉之。其味駕於蝦仁燉蛋之上。

四四　蟹燉蛋秘訣

〔蒸法〕

將蟹洗淨。用刀一分爲二。即將斬開之處。蘸以乾麵粉使黃不流出。然後放入熱油鍋中爆之。少時下以陳酒。再下醬油及餘賸之乾麵粉和水同下。燒二透。恰如薄醬。數之於蟹體。然後再燒透。便可盛起。食之其味甚佳。

四五　蒸蛋秘訣

〔蒸法〕將鷄蛋用筷調之極和。不必加永。再加入火腿屑。干貝。孔腐汁。猪油。陳紹酒。食鹽。葱屑等。置飯鍋內。蒸之。二透可熟。味極肥美。

四六　蒸熊掌秘訣

〔蒸法〕將熊掌以溫水泡洗。俟輭撈起。復用開水泡洗。去毛洗淨。裝入洋盆中。加以陳紹酒。酸醋。上鍋蒸爛。拆骨用刀切片。再入盆內。同雞肉汁。醬油。酸醋。薑蒜等。再蒸。待至爛熟爲度。以便供食。

四七　蒸火肉干貝秘訣

〔蒸法〕將火肉用刀切成厚片。再將干貝用紹酒。浸透。約一小時。另置碗中。上蓋火肉。再下紹酒。及蝦子醬油。白糖。用紙封好碗口。入鍋蒸之。四五透便熟。即可供食。

四八　蒸鰣魚秘訣

〔蒸法〕將鰣魚去腸。不必去鱗。用布拭除血水。放入碗內。加以酒釀。蜜糖。紹酒。食鹽等。作料。再用火腿湯。鷄湯。筍湯。煨之。或加醬油。酒釀。亦佳。

四九　蒸空心肉丸秘訣

〔蒸法〕將猪肉內油網洗盡。用刀切碎成糜。然後將紹酒醬油食鹽葱薑等作料。湔浸一透。取凍葷油。一小團作餡子。置入肉內成圓形。入盆裝好。移置飯鍋上蒸熟。則油滾去而肉圓空心。即可供食。

五〇　蒸猪腦祕訣

〔蒸法〕將猪腦捲盡紅筋。漂洗水中。則用網油包裹。以線紥住。盛入碗中。加以紹酒醬油薑片鹽等。上飯鍋蒸燉。成熟便可食矣。

第三章　燻煨部

一　燻魚祕訣

〔燻法〕取沙糖。甘草。茴香末等。先攤鍋底。（鍋須乾燥潔淨者）再將鐵絲燻架罩在糖上。將炸就之各種魚塊。平鋪燻架。徧數蘇油。闔上鍋蓋。取草團引火在鍋底燃燒。鍋熱糖熾和甘草茴香等。發出香氣。冲騰魚體。逮魚徧體發黃。便可起鍋。味很香美。

二　燻腰片祕訣

〔燻法〕取沙糖。甘草末。茴香末等。攤入鍋底。上罩燻架。將泡熟之腰片。平攤燻架。闔上鍋蓋。用柴把引火燃燒鍋底。使沙糖發出濃烟。上騰腰片。待其四面作黃。即可取出。以便供食。

三　燻肉祕訣

〔燻法〕
取燻肉用之粗紙一張。平置乾鍋之底。內遍塗菜油。上面洒些沙糖香料。罩上鐵絲網架。將煮熟之肉片蹄胖等。平攤網架。蓋上鍋蓋。用草圍燃火在鍋底燒之。鍋熱紙熾。即出濃烟。燻騰肉上。待其四面發紅。便可取出供食。既香又美。真是佳饌。

四　燻牛肉祕訣

〔燻法〕
取柴引火。在鍋底先行燃燒。鍋熱煙騰。上燻牛肉。見其四面燻透。即可取出。盛盆供食。將沙糖。甘草。茴香末等。先置鍋底。上鋪燻架。將煮熟之牛肉薄片。平攤燻架。關上鍋蓋。待其四面作黃。即可取出。以便供食。

五　燻門搶祕訣

〔燻法〕
取沙糖。甘草末。先置鍋底。上罩燻架。將門搶平攤燻架上。關上鍋蓋。用柴引火在鍋底燃燒。鍋熱烟騰。上燻門搶。見已燻透。取出切片。便可供食。

六　燻鷄祕訣

〔燻法〕
取茶葉攤置鍋底。上罩燻架、將蒸熟之雞。平置燻架。鍋下燃火。俟茶葉起烟爲止。烟騰雞身。隨時翻覆。醬蔴油等也須隨時塗抹。待其四面黃透。即可取出。以便供食。

七　燻油蝦祕訣

〔燻法〕
取沙糖甘草。先入鍋底。上罩燻架。將炒就之油蝦。平攤燻架。關上鍋蓋。用柴把一個。在鍋底燃燒。以鍋內能自發煙爲止。待其燻透。即可取出。以便供食。

八　燻腸臟祕訣

〔燻法〕

取茴香。甘草末。砂糖。先置鍋底。上罩燻架。將煑就之腸臟。盤旋在燻架上。關緊鍋蓋。用柴引火燃燒鍋底。待鍋內發出濃烟爲止。覘其偏體皆黄。即可取出。用刀切片。盛盆供食。

九　燻蛋餃祕訣

〔燻法〕

取沙糖。甘草末。茴香末等。先置鍋底。上罩燻架。將做就之蛋餃。平攤燻架上。將蓋閉緊。用火燃燒。鍋熱煙發。偏騰餃上。待其燻透。即可供食。味極香美。

一〇　燻羊膏祕訣

〔燻法〕

取沙糖。甘草末。茴香末等。先置鍋底。上罩燻架。將凍就之羊膏。用刀切成條塊。平攤在架上。關好鍋蓋。燃燒鍋底。鍋熱糖熾。即發濃烟。偏燻羊膏。待其燻透。即可取出。用刀切片。以便供食。

一一　燻鴿子祕訣

〔燻法〕

取赤沙糖。甘草末。茴香末等。先置鍋底。上罩爐架。將煑好之鴿子。黄雀。竹鷄。兔腿等。外面塗抹以蘇油。隻隻平攤燻架。關好鍋蓋。用柴引火。在鍋底燃燒。鍋熱糖熾。即發濃烟。燻騰鴿上。待其過體黃透。便可取出。用刀切碎。以便供食。

一二　燻素鵝秘訣

〔燻法〕

取赤沙糖。甘草末等。先置乾鍋中。上罩燻架。將摺就之百葉卷平攤燻架上。關上鍋蓋。用草圈引火燃燒鍋底。鍋熱糖熾。便發濃烟。上騰素鵝。待其四面黃透。即可取出。切片以便供食。味很甜美。

一三　燻筍秘訣

〔燻法〕

取沙糖。甘草末等。先置乾鍋中。上罩燻架。將蒸熟之筍平攤鍋架。關上鍋蓋。用柴引火在鍋底燃燒。至鍋中自能發烟爲止。見其燻透。即可起鍋。以便供食。

一四　燻豆腐干秘訣

〔燻法〕

取沙糖。甘草末。茴香末等。先置乾鍋中。上罩燻架。將肉湯內煑就之豆腐干。平攤燻架。關上鍋蓋。用柴一圈。引火在鍋底燃燒。鍋熱烟發。上騰腐干。見其燻透。即可取起。和葱油拌食。味很可口。

一五　燻油麵筋秘訣

〔燻法〕

取赤糖。甘草末等。先入乾鍋。上罩燻架。將煑熟之麵筋。平攤燻架上。關緊鍋蓋。用火燃燒鍋底。鍋熱烟發。徧燻麵筋。待其黃透。洒些蘇油。即可供食。味很香美。

一六　燻肉秘訣

〔燻法〕先將鮮肉一塊。（去骨最妙）用食鹽擦過。一夜後。將肉浸入冷水中洗淨。再用細繩扎緊。先入鍋內煮之。熟後。取出。另用粗紙一張。塗以菜油。置乾鍋中。紙上置以沙糖一盅。另用鐵絲網一張。擱置鍋中。然後將肉置於網上。將鍋蓋蓋好。以小柴圍燃之。待肉皮發紅色。即成。香味鮮美異常。

一七　燻鷄秘訣

〔燻法〕用鐵鍋一口。盛茶葉小半鍋。（無論已食未食均可）離茶葉高二寸。置一鐵網。將洗淨之鷄。塗以芝蔴油及醬油少許。置於鐵網上。鍋下燃火。俟茶葉起烟後。漸次退火。視鷄帶淡黃時。再塗以蔴油醬油。如是數次。熟後食之。味美無倫。

一八　煨鷄秘訣

〔煨法〕將鷄殺就。去血留毛。將近尾處剪一小孔。去腸雜積血等類。內灌醬油老酒。鹹淡得宜。再放茴香花椒入內。將上下二孔縫攏縛好。弗使走洩。油酒及原有之質。外用濕糊泥厚包之。置入猛火灰中煨之。必須時常翻轉。使其週身之鹹味。炙透。待有香氣出。則油酒將乾。糊泥燥硬時。取出。搗去外泥。其毛即隨泥脫落。切而下酒。其味勝於燒臘等肉。

一九　煨風鷄秘訣

〔煨法〕風雞煨食。其味甚佳。惟湯苦鹹不適口。今有一法。能令雞湯並美。如煨風鷄時。用小魚一味。（

約四五寸長烏魚或鯽魚爲佳）以豆油煎至黄色。同煨。熟時將魚撈起。其湯味與鮮雞無異。

二〇　煨蛋祕訣

（煨法）以棉線在鷄蛋上横纏數匝。置大灰中煨之。至熟。不破。線亦不斷。香味頗佳。

二一　煨猪爪猪筋祕訣

（煨法）專取猪爪。剔去大骨。用鷄湯清煨之。筋味與爪相同。可以搭配。有好腿湾。亦可和入。

二二　煨猪腰祕訣

（煨法）腰片炒枯則木。炒嫩則令人生疑。不如煨爛蘸椒鹽食之爲佳。或加作料亦可。只宜手摘。不宜刀切。但須一日才得如泥耳。此物只宜獨用。決不可和入別菜中。最能奪味而惹厭。煨三刻則老。煨一日則嫩。

二三　筍煨火肉祕訣

（煨法）冬筍切方塊。火肉切方塊。同煨。火腿撤去鹽水二次。再入冰糖煨酥。或者火肉煮好後。若留作次日食者。須留原湯。俟次日將火肉投入湯中滾熱才好。若乾放無湯。則風臊而肉枯。用白水則又味淡。

二四　紅煨魚翅祕訣

（煨法）先將魚翅用冷水浸透。後換熱水。浸一小時。用清水洗去沙質。用刀刮去筋皮。再用冷水煮之。俟軟已發足。去其骨管及將白菜梗用廚刀切成細條。入鍋焯熟。在葷油鍋中氽黃見葉邊已氽黃枯。即行撩起。就可候用。再將腰尖肉用廚刀切成細絲。入鍋加葷油煎透。下以陳酒醬油。並下白菜煨之。待熱加下紅肉汁。燒一透。放入魚翅。啓蓋燒片時。加下白糖真粉。然後裝於大盆中。上面蓋以蝦仁四周鋪以火腿片筍片。便可供食。味甚濃厚。

二五　煨毛鴨祕訣

〔煨法〕將鴨殺倒。不必去毛。在尾部開一小孔。去其腸雜。在肚內放入陳酒醬油。食鹽。葱薑。茴香。花椒等。將孔縫好。不可漏氣。以免泄去油醬。然後外裹溼泥。圍之如皮蛋。放入大爐熱大灰中煨之。務使轉動。四周炙透。香氣四溢。即可摜去乾泥。毛亦隨之脫落。以之切塊或切細條。味香襲人。

二六　煨蒲芽祕訣

〔煨法〕將蒲芽剝去其根。用水洗淨。倒入鍋中。加以火腿原汁煨之。煨熟取出。啗之味最嫩鮮。淮人常食之。

二七　煨南腿祕訣

〔煨法〕取南腿一方塊。用刀削去外皮。除油存筋肉。即用肉汁將皮煨爛。復以雞汁將肉煨爛。放入白菜心。連根切段。約二寸許。加蜜糖。酒釀。清水等。用文火煨半日之久。食之上口甘鮮。肉菜入口即化。其味頗肥且美。

二八　燻肚片秘訣

〔燻法〕

將肚子翻轉。用刀刮去其穢膩。漂洗潔淨。和水放入鍋中燒之。待透下酒再透下鹽三透燜之便熟。撈起切開。再上燻架。燃木屑燻之。越時翻身。徧黃爲佳。食時切絲。用葱油蘸之。（葱油製法詳前）味香而美。

二九　燻田鷄秘訣

〔燻法〕

將田鷄去頭及皮。洗淨。然後瀝乾。再以醬油葱。酒等浦之。少時。倒入油鍋中爆之。待透撈起。徧體成淡黃色。平攤燻架。然後再以細木屑燃大燻之。微入小茴香以引香味。燻透時。香氣襲人。

病者開胃。取出置之磁鉢。可作不備之需。食時以葱和油。煎成葱油。隨蘸隨食。美不可言。燻物中獨一無二之良品也。

三〇　燻鰻秘訣

〔燻法〕

將海鰻去腸洗淨。用鹽醃於盆中。少頃取出。盤大夾上。成袖籠狀。然後上炭爐燻之。以手時時旋轉。使不枯焦。隨燻隨澆以醬油黃酒葱薑等汁。俾有香而有味。待燻至徧黃。放入盆中。食時再用好醋蘸之。美難勝言。

三一　燻蘿蔔秘訣

〔燻法〕

將蘿蔔洗淨切條。用鹽醃於缸中。以石壓緊。越四五日撈起瀝乾。向日光中晒之。微乾。平攤燻架。燃火燻之。燻就上墁。重重醃以香料。用陳酒赤砂糖封面再用筍撵緊扎其口。約一月有餘。可食。香不可當。

三二　燻百葉秘訣

(燻法)

將百葉洗淨捲緊。用物壓扁。然後入鍋燒之。和以醬油及水燒透。取起。平鋪燻架上。燃火燻之。偏黃取下。切成片片放入盆中和以葱油食之。非常清香。

三三　燻香干秘訣

(燻法)

將香干用刀劃入深三分之小方塊細痕。(否則不入味。)放肉湯內燒之。燒就撈起。平攤燻架。燃火燻之。刀痕內微注以煎就之葱油。燻至偏黃便可以食。食時仍以葱油蘸之。其味更佳。

第四章　炸烤部

一　炸猪排秘訣

(炸法)

取豬肉或鷄牛鴨肉等。用醬油紹酒葱薑等。先行洧浸在缽內。隔三十分鐘。取油入鍋。先行燒沸。使將猪排或鷄牛鴨排等傾入油鍋。聞聲急將鍋蓋關住。聽其響聲低微。方可開蓋。用鐵刀打撈翻身。見其四面發黃。便可撈起。瀝乾油滴。將炸好之猪、鷄、牛、鴨等排。另入一鍋。和茴香素油炒攪。霎時便下醬油酸醋。再澆再炒。更下白糖。見其汁已稠濃。色已深紅。即可起鍋。乘熱供食。味很酸美。

二　炸魚鬆秘訣

〔炸法〕

取鷄蛋。麵粉。紹酒。食鹽。拌在一起。務使均勻。然後將小魚或蝦亦行拌入成稀薄漿糊。拌就。取油入鍋。先行燒沸。便將魚用筷鉗入油鍋。帶麵連魚約二三尾一次。(多則不易炸透)見其四面發黃即可起鍋盛盆供食。味很鬆美。

三　炸油肉秘訣

〔炸法〕

取肉和水。入鍋先行燒熟。一透下紹酒二透下鹽。焖其一個八分糜爛。取油入鍋。先行燒沸。便將已經焖爛之肉塊投入油鍋。開聲。急關鍋蓋。聽其響聲低微。方能開蓋。可取鐵鈎將肉攪勻。炸至四面深黃。便將肉塊盛入缽中。澆些紹酒。更傾入冷水半缽。葱薑一把。隔了三十分鐘。將缽內之連肉和水。一井傾入鍋中。加些醬油。再行焖燒。見他肉塊已爛。撒入白糖一撮。味和之後。即可起鍋。盛碗供食。味很肥美。

四　炸雨前蝦仁秘訣

〔炸法〕

取蛋白。茶葉。紹酒。食鹽。蝦仁等。拌在一起。取葷油入鍋。先行燒沸。將蝦仁等用漏勺盛之。入鍋擺動。霎時取起。盛盆供食。味很清香。

五　炸肫秘訣

〔炸法〕

取肫用刀切花。先用醬油。紹酒。浸漫片時。再用芡粉。數拌。取油入鍋。先行燒沸。將肫投入。開聲。便將筷打撈均勻。見其四面黃透即可撈起。盛盆供食。肫嫩無比。味極肥美。

六　炸蝦球秘訣

〔炸法〕

取蝦仁。蛋白。荸薺。葱。鹽。紹酒。豆粉等。拌在一起。捏成圓形。將做就之蝦球。投入油鍋。炸至四面黃透。便可起鍋。盛盆供食。味很香嫩。

七　炸粉肉片秘訣

〔炸法〕

取米粉。和鷄蛋清。拌在一起。微和些水。使成稀薄漿糊。便將湔好之肉片。亦入漿糊拌勻之後。取油入鍋。先行燒熱。便將肉片帶粉。片片投入炸透撈起。即可供食。味很肥美。

八　炸爆魚秘訣

〔炸法〕

取油入鍋。先行燒沸。便將湔好之魚片。投入油鍋。實行爆炸。時時炒攪。見已炸透發黃。便可起鍋。瀝去油滴。將湔魚之原滷。另置一鍋。微下些水。加火燃燒。見其已沸。便將炸好之魚片。投入回鍋。燒至三透。味和之後。即可供食。味很鮮美。

九　炸刀魚秘訣

〔炸法〕

取調就之麵粉。塗在刀魚身上。取葷油入鍋。先行燒沸。便將刀魚。投入鍋中。炸爆黃透。取蘇油加入鍋中。先行燒熱。將炸就之刀魚。投入再爆。炸透起鍋。盛盆供食。味極香脆。

一〇　炸春卷秘訣

〔炸法〕

取春卷皮支。在飯鍋上蒸熱。然後張張撕開。將肉絲用筷鉗上包裹成斷。務使肉汁不能漏出。取油入鍋。先行燒沸。便將包就之春卷。逐個浸入真粉汁内。旋即投入油鍋。炸爆黃透。方可起鍋。乘熱供食。味很香脆。且極鮮美。

一一　炸油酥餃秘訣

（炸法）

取麪粉四六分開兩處。四分之中。用七油三水拌揭。六分之中。以三油七水拌揭。拌就。摘成小塊。兩須相等。然後以大包小。搓圓若糰。用錘趕長。隨手捲轉。好似竹管。將管豎直。用掌揪扁。好似銀餅。便將餃餡。用手包入。將胚對折。捏緊餃邊。捏就。乘軟再將餃邊捲轉。好似檐瓦。（餃心須空。不可捏緊）葷油入鍋。先行燒沸。便將油餃。投入炸爆。時時翻動。見其炸爆黃透。便可起鍋。貯藏密器。隨時供食。味很酥美。

一二　炸蝦包子秘訣

（炸法）

取油入鍋。先行燒沸。後將網油包裹蝦仁。成圓球形。和龍眼大小。包就。投浸蛋内。使其滿黏蛋汁。旋入油鍋。炸爆黃透。便就起鍋。盛盆。乘熱供食。味很鬆美。

一三　炸香蕉餅秘訣

（炸法）

取雞蛋。白糖。麪粉。香蕉等。拌在一起。搦至成糕。然後置入模型内。製成各式餅形。取葷油入鍋。先行燒沸。便將製成之各式餅塊。投入油鍋。炸爆。使鬆。見其四面黃透。便行起鍋。盛盆供食。味很酥美。

一四　炸蝦餅秘訣

（炸法）

取葷油入鍋。先行燒熱。（每做一餅加入葷油一鐘）取匙撈蛋糊一勺。傾入油鍋。攤薄之。使成稍大圓形。便將鮮蝦肉絲。猪油等。置在其上面之中央。更匙蛋糊一勺。澆在鮮蝦肉絲猪油之上面。下面炸透。翻身再炸。兩面俱黃。方可起鍋。如此輪遞。直至炸完。便可供食。味很鬆美。

一五　炸素排骨祕訣

〔炸法〕

取油入鍋。先行燒沸。將油麵筋包裹之藕絲條。投入油鍋。實行炸爆。見其黃透。便即撈起。瀝盡油滴。將炸就之麵筋絲。和甜醬。白糖。酸醋等。用烈火入鍋攪炒。汁濃起鍋。便可供食。味和真排骨無異。

一六　炸胡桃肉祕訣

〔炸法〕

取油入鍋。先行燒沸。將去皮吹乾之胡桃肉。投入油鍋。即行炸爆。時時翻動。見已黃透。便可起鍋。乘熱將白糖拌入。以便供食。

一七　炸米肉圓祕訣

〔炸法〕

取油入鍋。先行燒沸。後將炒米肉腐。做成之肉圓。投入蛋白汁內。旋即投入油鍋。炸爆黃透。即可起鍋。盛盆供食。味很鬆美。

一八　炸玉蘭片祕訣

〔炸法〕

取油入鍋。先行燒沸。後將玉蘭鮮或茹菇片投入蛋白汁內。使他滿黏蛋麵。便入油鍋爆炸。待至鬆透。即行起鍋。盛盆供食。味極鬆美。

一九 炸藕片祕訣

〔炸法〕取油入鍋。先行燒沸。將肉腐塞入藕孔中。用刀切成斜片。外敷麵糊。投入油鍋。炸爆黃透。便即起鍋。盛盆供食。味很清酥可口。

二〇 炸五香魚祕訣

〔炸法〕取油入鍋。先行燒沸。徐將鯽魚。投入油鍋。炸爆鬆透。便即起鍋。急將炸就之五香鯽魚和入醬油白糖。及清水一碗。另鍋燒煑。以汁濃厚為度。燒就起鍋。盛盆以便供食。

二一 炸烤果祕訣

〔炸法〕取素油二斤。倒入鍋內。先行燒沸。後將糯米粉做成之烤果。投入油鍋。炸爆黃透。便可起鍋。盛盆供食。味很鬆美。

二二 炸糕乾祕訣

〔炸法〕取素油入鍋。先行燒沸。後將糕乾投入鍋內。翻覆炸爆。見已黃透。便可起鍋。隨時供食。味很鬆美。

二三 油炸山渣祕訣

〔炸法〕取油入鍋。先行燒沸。後將已拌勻之蛋。及真粉乾麵。倒入煎透。急將山渣一方塊。切成小塊。以匙如前輪遍煎透。即可食之。味很鬆美。

二四 炸藿香卷祕訣

〔炸法〕取油入鍋。先行燒沸。將嫩蘿香葉。每捲成一卷。投入甜麵糊內。待其數滿。更投入油鍋翻覆爆炸。見已黃透。即可起鍋。盛盆供食。味很香脆。

二五　炸雞鴨肫秘訣

〔炸法〕蘇館之清炸肫。皆以雞鴨肫。切花。拌以芡粉醬油老酒。再用油炸。雖然脆嫩。究竟不如京中之炸肫味美也。其法以肫切塊。不另切花。拌以酒醬。（去脂）過油。俟色稍變。取出拌以老醋（爲脆）再用油炸成熟。加花椒屑（烤黑）及食鹽少許。食之香脆味純。

二六　炸火腿圓秘訣

〔炸法〕取麵包軟心一兩。和以雲腿（取精去肥）五兩。打雞子二枚。加入調勻。用少許麵粉。團之如球形。置油內煎之。熟後。陰涼食之頗美。

二七　炸刀魚秘訣

〔炸法〕刀魚刺細而多。不宜烹食。法將魚之鱗臟去淨洗潔。切成寸段塊。加鹽醃兩小時（宜淡些）取出。晒半乾。用麵粉醬油水等料。調成薄糊。滿塗魚上。先置豬油鍋中炸兩次。然後以蘇油炸酥。香脆適口。佐酒尤宜。

二八　炸冰葫蘆秘訣

〔炸法〕將豬油切成細塊。如蒸然。以玉盆拌之。然後捏成圓形。形若桂圓。移之盤內。底微鋪乾麵。以盤篩之。則猪油。益圓而遍數以麵。再將雞蛋瀝白。同乾麵真粉一同打和。葷油先入鍋中煎透。乃以匙取圓猪油入蛋浸之。便即匙起。放入鍋中。煎甫黃即取出另置一盆。如斯輪遞冰葫蘆成矣。

二九　煎蝦餅秘訣

（炸法）

賺大蝦。剪去鬚足。浸好醬油中。又以乾麵粉。加冷水及醬油（醬油之多寡以鹹為度）攪成厚糊。乃將此糊一匙。入油鍋中（油以多為妙）。速以蝦三四只置糊上。炸之。候兩面微黃。可食。味頗香美。但此餅宜乘熱食之。冷食味遜。

三〇　炸白蓮瓣秘訣

（炸法）

五六月間。白蓮花盛開。取其初放而無疵之瓣。蘸以雞蛋清和稀麵漿。入油鍋炸之。現微黃後。加白糖於其上。食之香脆可口。且可藉以解暑氣。若以肥大菊花如法製之。芳香尤烈。

三一　煎蛋餃秘訣

（炸法）

將肉洗淨。用刀先斬碎。和以酒。葱。醬油等。再將蛋破殼打和。然後燒熱其鍋。以猪油在鍋底擦之。出油。即匙蛋一匙。倒入鍋底。再用筷箝肉置於中央。待蛋皮漸老。用筷包轉。確如一餃。翻身數次。便可鏟起。食時須再入鍋重燒之。

三二　烤兔子秘訣

（烤法）

將野兔子皮剝下。並破肚洗淨。耳朵尾巴須剝周全。四蹄斬去。將四條腿彎曲貼身。用鐵條前後串過去。將頭用小鐵條從口裏串進。如活兔撞頭之狀。先將兔子肝切碎。加肉腐香菜胡椒。陳酒食鹽。用雞蛋調和。塞入肚內。烤時先用叉子。又將幾箇小孔。用葡萄酒擦一擦。掛在火前。用乾麵粉漿塗抹在外面。烤熟揭去麵漿。再用生雞蛋擦在週身。隨烤黃色。香脆留齒頰。韻味超羣。

三三　烤鴨秘訣

〔烤法〕

將鴨殺就。去毛雜。洗淨後。入鍋加陳酒。食鹽。燒至半熟。撩起。用鐵叉叉住。入灶內烘之。烘至黃脆。即可供食。食時蘸以甜蜜醬。味甚香脆。

三四　烤牛肉羊肉秘訣

〔烤法〕

大稍遠。先烤有骨頭之一面。烤熟再反過來。離火近一點。不多一刻時候。即可烤熟。烤時用盆放在肉下。所出之湯汁。可澆在肉上。未熟之前半小時。用些乾麵粉撒在肉上。以防枯焦。

三五　烤鱖魚秘訣

〔烤法〕

將鱖魚用刀切塊。去刺。然後加陳酒。醬油。松仁。雪裏蕻等作料。取筷拌勻。浸漬片時。即用網油包裹。以線紮緊。置碗上鍋。蒸七八分熟。即可取起。入熱油鍋內煤之。俟極黃脆。撈起即熱。外焦裏嫩。異常香美。

第五章　煮部

一　紅燒雞秘訣

〔煮法〕
取雞入鍋。和葱薑一紮。清水三碗。（最好用雞湯）關蓋燃燒沸騰之後。將紹酒傾入。再燒一沸。改用文火加入醬油。見其六分成熟。將配頭加入。（惟用韮芽作和。須待十分成熟後。方可加入）再燜再燒見已十分成熟。便將白糖下鍋。味和之後。即可起鍋。加些蘇油。以便供食。

二　煮雞湯秘訣

〔煮法〕
取雞鴨肉等和水入鍋。燃火同煮。見沸將好酒倒下。減殺腥氣。關蓋再燒。見已五分成熟。撒鹽摻入。味和之後。再燜再燒。此時須用文火。見已十分成熟。便將雞鴨肉等提出。他用。然後吊清雞湯。將雞湯加熱。使沸則湯內之油汁。漸浮水面。此時便將銅勺。備些冷水。傾入雞湯。則沸立止。隨手打去面上浮油。再沸再打。如是數次。油汁方盡。更將淡雞血傾入攪和。則湯面滿浮血沫。打盡血沫。雞湯便清冽如泉。然後將他烹飪各品。味必鮮美。

三　紅燒肉秘訣

〔煮法〕
取肉入鍋。和葱薑。好酒。醬油。等同煮一沸。取清水二碗。加入肉內。改用文火燒至二時。見已九分成熟。將冰糖投入肉中。此時火可加烈。見冰糖溶化。肉汁稠膩。味和之後。便可起鍋。乘熱供食。若在下次蒸食。上面須覆大盆。以防汽水浸入。致減原味。愼之愼之。

四　煮神仙肉秘訣

〔煮法〕

取肉塊納入砂鉢。並將食鹽。醬油。葱薑。淡水。冰糖。等物一幷和入。固封鉢口。將固封之肉鉢移置乾鍋。關上鍋蓋。用柴圈七個。先在鍋底燃燒隔至一刻鐘後。再燒柴圈五個。再隔十分。又燒柴圈三個。如是共燒柴圈十五個。爲時不滿半句鐘。其肉已熟爛可食。其味肥美。

五　煮糯米鴨祕訣

〔煮法〕

取葱薑食鹽。納入鴨肚內。用手遍擦內部。然後裝入一品鍋內。澆入紹酒壹斤半。急將鴨鍋安置炭爐上。文火燃燒。不可啓蓋。六時後鴨便成熟。起鍋供食。味很鮮美。

六　白炖鷄祕訣

〔煮法〕

取食鹽葱薑。納入鷄肚。用手偏擦。放入瓦鉢。背須向上。頸挾膀下。傾入鷄汁湯一碗。（至鷄背得水爲度。）並火腿蔴菰。冬筍片等。然後將蓋關好。用紙封糊。不使出氣。移置鍋中。鍋中須盛清水半鍋。能浸瓦鉢之大半。關上鍋蓋。用柴引火在鍋底燃燒。隔至刻許。鍋內加入沸水一次。勿使湯乾。隨燒隨加。時時能没鉢過半爲度。兩點鐘後。便能成熟。啓鉢供食。味很鮮美。

七　煮梅花肉祕訣

〔煮法〕

將油鍋燒熱。將梅花肉片浸入蛋碗。旋投油中。用筷打撈。勿使併塊。見他爆透。即可起鍋。將鷄湯另入他鍋。同下冬筍。冬菰。火腿及梅花肉等。關緊鍋蓋。不使洩氣。然後用文火燒煮。以酥爲度。即可起鍋。盛碗供食。味很香美。

八　煑牛肉秘訣

〔煑法〕取清水半鍋。燃燒使沸。便將牛肉蘿蔔葱薑茴香。先行投入見其沸騰數次。將蘿蔔取出傾入醬油。再燒數透即可起鍋。切片盛盆。以便供食。

九　煑藕肉秘訣

〔煑法〕取鷄湯入鍋。先行燃燒。待其沸透。將肉片藕塊同時投入關蓋再燒二透之後。改用文火使其熟爛。便可起鍋。連湯供食。味很清美。

一〇　煑肉鬆秘訣

〔煑法〕取鷄肉汁湯入鍋。和以肉塊。薑汁。紹酒。醬油等。同煑。待其肉質酥爛。湯汁枯乾。便即取起。將已熟之肉塊。用手撕成絲縷。取油抹鍋。見鍋已熱。將絲攤在鍋上。用文火微烤。用鏟刀反覆。待其乾燥。便成製品。收藏鐵罐。隨時可食。

一一　紅燒頭尾秘訣

〔煑法〕取油入鍋。先行燒沸。便將頭尾（或肚襠）倒入。霎時反身。見已爆透。將好酒傾下。旋關鍋蓋。霎時揭開。便將醬油湯汁。加入同煑。二透之後。再加白糖。味和之後。便將豆粉傾入。用鏟徐攪。見其湯汁稠膩。便行起鍋。洒些胡椒。滴些蔴油。乘熱供食。味很肥美。

一二　煑燜黃魚秘訣

〔煑法〕

取魚塊和醬油。食鹽。葱薑。清水等。先行入鍋。引大燃燒一透之後。將好酒傾入。霎時即下和頭。再燒二透。摻入白糖。和味之後。再燜片刻。便可起鍋。洒些蔴油。以便供食。味極肥美。

一三　煮鰱魚頭秘訣

〔煮法〕

取油入鍋。先行燒沸。然後將魚頭。豎置油中。任其煎爆。一面黃透。再爆一面。待至四面黃透。將紹酒傾入魚中。即行關蓋。霎時揭開。便將醬油食鹽。清水等。同時加入。關蓋再燒。改用文火。帶燜帶煮。待其魚頭行將酥解。將白糖加入。此時大可加烈。和味之後。便可盛盆起鍋。加些香料。以便供食。

一四　煮魚圓秘訣

〔煮法〕

取清水入鍋。先行燒溫。不可過熱。若熱可加冷水。一面用左手在鉢中。滿握魚料。將食拇二指。合作圈形。使握中魚料。從圈中擠出。成一彈丸。落入溫水。浮氽水面。（快手每刻鐘可擠出數百粒）俟丸形結實。則湯可加熱。煮熟撈起。將雞汁湯。火腿。冬筍片。及蔴菰等。倒入鍋中。（另置一鍋）先行燒沸。然後將魚丸投入。再燒二透。便可起鍋。盛碗供食。味很鮮嫩。

一五　煮白湯魚秘訣

〔煮法〕

取清水。食鹽。葱薑。豬油等。作料入鍋。先行燒沸。再將鮮魚投入。燒至一透。將好酒倒入。關蓋再燒二透為止。即可起鍋。以便供食。其味頗佳。

一六　煮蝴蝶魚秘訣

〔煮法〕
取雞汁湯香菌絲。火腿片等。入鍋先煮。待其百沸。即將蝴蝶魚。投入鍋中。關蓋再燒。兩透以後。即可起鍋。和入薑汁蘇油。以便供食。

一七　煮川湯魚片秘訣

〔煮法〕
取魚片入碗。用醬油。黃酒。葱薑。白糖等。淹浸刻許。然後將豆粉和水。數拌魚片。將清水倒入鍋內。（最好雞湯）和入醬油。葱薑。（如用雞湯。醬油可以不用。）火腿筍片等。先行煮沸。然後將拌豆粉之魚片。投入鍋中。並下好酒。再煮二透。即可起鍋。洒些蘇油。胡椒。以引香味。

一八　煮蝦仁凍秘訣

〔煮法〕
取蝦仁。雞湯。肉皮。豆粉等。入鍋先煮一沸之後。將好酒倒入。再沸之後。更將蛋黃加入鍋中。不可弄破。再沸之後。盛入淺缽。安置水箱。明晨成凍。切片盛盆。便可供食。其味豐美。

一九　煮糯米香腸秘訣

〔煮法〕
取猪腸切斷。長約尺許。一端先用蘇線結緊。然後將醬油糯米。納入腸中。待其納滿。一端又用蘇線結住。將清水醬油茴香等。先入鍋中。更將糯米豬腸同時加入。然後燃燒。待至燜騰。便將紹酒倒入。關蓋再燒。改用文火。帶煮帶沸。待其水汁漸乾。香腸成熟。即可起鍋。起鍋之後。取刀將香腸切成薄片。然後用蘇油另入一鍋煎煮香腸。黃透供食。味很肥美。

二〇　煮魚餃秘訣

〔煑法〕
取如蝴蝶魚樣子之切開魚片中夾豬肉。蝦米。葱花。蘇油做成之餡。用魚皮束摒使不鬆落。個個做就。將雞湯入鍋。先行煑沸。然後將魚餃投入。倒些好酒燒煑二透。便即成熟。盛碗起鍋。加些蘇油胡椒。便可供食。

二一　煑魚鬆秘訣

〔煑法〕
取油入鍋。偏塗鍋底。先行燃燒。（須用文火）將棹乾之魚肉入鍋攤開用鏟時時炒攪。水分漸乾。纖維自然蓬鬆。更以葱薑醬油白糖蘇油等煎成之香汁。洒入魚鬆鍋內。使其入味。再行焙乾。即成魚鬆。裝罐貯藏。以便可食。

二二　煑鱸魚秘訣

〔煑法〕
取雞湯先入鍋中。燒煑沸騰。方將鱸魚。冬筍。火腿。葷油等一同加入。關蓋再燒二透之後。便即成熟。起鍋盛碗。以便供食。其味頗美。

二三　煑蝦腦羹秘訣

〔煑法〕
取蝦腦汁。雞湯。火腿片。冬筍片。葷油。食鹽等。先行入鍋。燒煑沸騰。將好酒倒入。待其再沸。使將薺菜加入再煑一沸。味和之後。加入臙頭。用鏟攪擾。見已稠膩適度。即可起鍋。洒些蘇油。以引香味。

二四　煑茶葉蛋秘訣

〔煑法〕
取鷄蛋。先入鍋中。燃火燒煑。見已沸騰。急速取出。激入冷水。再煮再激。二次之後。將鷄蛋敲殼作碎。使多裂紋。然後用清水。茶葉。食鹽。醬油等。再行燒煮。至入味爲度。其味豐美異常。

二五　煮大蛋秘訣

（煮法）取打和之蛋汁。灌入猪尿泡內。見已盛滿。用蔴線緊紮其口。更用油紙包裹。便不進水。將猪尿泡沉入井底。隔夜取去。和水燒煮。一透便熟。破泡視之。則黃中白圍。儼若大蛋。味甚肥美。

二六　煮羊血羹秘訣

（煮法）取高湯入鍋。和入筍絲。先行燒沸。將羊血絲輕輕倒入。用筷攪勻。勿使碎斷。更將鷄蛋汁回環沃入。此時倘欲置醋。亦可加入。加就。仍將竹筷輕輕攪勻。味和起鍋。滲些胡椒。即可供食。味甚鮮美。

二七　煮淡菜秘訣

（煮法）取葷油入鍋。先行燒沸。然後將淡菜豬肉。一同倒入。用鏟炒攪。待其爆透。將好酒倒入。聞聲。關住鍋蓋。霎時揭開。加入濃汁肉露。關蓋再燒。改用文火。帶燜帶煮。愈燜愈妙。見已十分成熟。將白糖加入。再煮再燜。味和之後。方可起鍋。以便供食。味美且鮮。

二八　煮蝦蟹羹秘訣

（煮法）取高湯入鍋。先行燒沸。便將冬筍。火腿。和入同煮。更將打和之蛋汁。傾入湯中。用筷攪攪。待其沸起。將鰍魚肉。鹽蛋黃同時加入。見已沸起。倒入紹酒再行沸起。加入白糖。味和之後。即下芡粉用鏟攪攪稠膩適度便可起鍋加些香料。即可供食。

二九　鴨煮腦湯秘訣

〔煮法〕取雞湯入鍋。先行燒透。後將鴨腦。火腿。冬筍香菌干貝等同入鍋中再行燒煮二透之後便可起鍋。以便供食。其味鮮美可口。

三〇　紅燒茄子秘訣

〔煮法〕取油入鍋。先行燒沸。便將茄塊投入炸爆。炸透。取起。（將餘油勺去鍋中可稍賸些）將肉絲。蝦米。入鍋炒爆。霎時便下好酒。再燜片刻。更將茄塊。醬油。高湯。白糖等加入。不停炒攪。待其肉汁漸乾。便可起鍋。加些蔴油以引香味。

三一　煮橘絡湯秘訣

〔煮法〕取橘肉。白糖。盛入碗中。將開水冲下。用匙攪勻。便可供食味很甜美。

三二　煮猪舌頭秘訣

〔煮法〕取洗滌潔淨之豬舌頭。和入醬油清水。入鍋先行煮沸將紹酒倒入。關蓋再燜。見其行將熟爛。便拿白糖洒入。再燜片刻。味和之後。即可起鍋。用刀切片。盛盆供食。味很鮮美。

三三　紅燒冬瓜秘訣

〔煑法〕取油入鍋。先行燒沸。將冬瓜傾入。四面煎爆。待其爆透。便將醬油清水同時加入。再煑一透。更將白糖酒入鍋中。味和之後。方可起鍋。加些蘇油。以引香味。

三四　煑素肉丸秘訣

〔煑法〕取豆腐丁。鹹筍丁。榨菜丁。金針屑。木耳屑。乳腐。豆粉等同拌和勻。用手製成圓球。個個安放盆中。將豆油入鍋。先行燒沸。然後取素肉圓放入煎爆。待其四面黃透。將清水醬油及金針菜油麵筋。腐干絲。等和頭。同時加入燜煑二透。方將白糖酒入。再燜片刻。味和之後。即可起鍋。盛碗供食。外加蘇油。以引香味。

三五　煑羊肉秘訣

〔煑法〕取羊肉入鍋。和入清水半鍋。蘿蔔一個。燃大便煑。待至沸騰。劈去浮膜。劈清之後。將蘿蔔取出棄去。急將紹酒傾入。待其再沸。更將醬油食鹽。同時加入。改用文火。兼燜兼燒。見其十分酥爛。將冰糖投入。文火燃燒。待其溶解。味和。便可起鍋。酒些蒜葉。以便供食。

三六　煑鍋巴湯秘訣

〔煑法〕取雞汁湯入鍋和蘇菇同煑。味若嫌淡。加些醬油。煑到百沸。方可起鍋。盛入大碗。以便蘸食。將蘇油入鍋。與雞湯同時燒沸。油鍋燒沸。急將鍋巴投入。炸透取起。盛入磁盆即可供食其味極佳。

三七　煑八珍麵秘訣

〔煑法〕取各種粉麵。用雞湯拌在一起。用杖打薄。用刀切細。便成八珍麵。裝盒貯藏。隨時可食。食時祇將該麵預置碗中。用沸水泡下。便可食矣。其味肥嫩。

三八　煑八寶豆腐秘訣

〔煑法〕取鷄湯入鍋。和味燒沸。（須略鹹）將八寶（嫩豆腐。香菌。蘑菇。火腿。鷄肉。松子。交子。濃鷄汁。（一幷倒入燒至二透。便可起鍋。盛碗供食。味很鮮美。

三九　煑肉塞辣茄秘訣

〔煑法〕取肉糜。用筷塞入辣茄肚內。隻隻塞就。便將高湯。冬筍。火腿片、先行入鍋。燃燒沸騰。急將塞好之辣茄投入鍋中。用烈火燃燒二沸之後。即可起鍋。洒些蘇油。以便供食。味甚肥鮮可口。

四〇　煑肉心蛋秘訣

〔煑法〕用文火燒熱鍋子。將油一塊在鍋底揩抹。見其出油。即將油置在旁邊。匙入蛋汁一匙。蛋遇葷油。四邊滾起。成薄餅狀。當取肉糜一塊。（若龍眼大小）置於其中。用鏟刀將蛋一面輕輕翻起。作成餃形。兩面煎黃。便即鏟起。如此輪流。待至做完。將燒就之蛋餃。隻隻重行入鍋。加入高湯。關蓋燒煑數透之後。方能成熟。起鍋供食。味很可口。

四一　煑水雞鬆秘訣

〔煮法〕
取田雞和入紹酒。食鹽。葱薑等。先行蒸熟。盛入鍋中藏湯煮熟。取出去骨榨去水分。將葷油入鍋。先行燒熱。即將榨乾之田雞肉拆撕纖維攤入鍋中。用文大烘焙。一面將鏟刀時時搨鬆田雞之肉紋。焙乾之後。絲紋蓬鬆。更將醬油煎就之香汁傾入再行焙乾。便可起鍋。貯藏罐中。隨時可食。

四二　煮鷄鬆祕訣

〔煮法〕
取葷油入鍋。用文火燒熱。燒熱之後。將鷄肉攤置鍋底。微微焙煮。並將鏟背。隨手磨搨。務使纖維鬆散。焙鬆之後。將醬蘇油等煎就之濃汁洒入鍋內。使其入味。再行焙乾。便可盛起。貯藏鐵罐。隨時可食。

四三　煮糯米塞藕祕訣

〔煮法〕
取糯米。拌些桂花。納入藕眼之後。兩斷拚湊。竹簽簽住。將藕橫置鍋中。和入清水。燃火便燒沸騰之後。改用文火帶燒帶燜。以爛為度。熟後取出拔出竹簽。用刀切片。裝入盆中。洒些白糖。即可供食。味美耐饑。

四四　煮蛋湯祕訣

〔煮法〕
取湯先入鍋中。和准味道。加入葷油。百沸為度。將配置完備之蛋汁一碗。倒入鍋中。一透便就。起鍋盛碗。上面洒些火腿。蒜屑。以引香味。

四五　煮蟹粉獅子頭祕訣

〔煮法〕取蟹肉。猪肉。豆粉。三物。拌在一起。用手做成圓球。個個攤置盆中。將油入鍋。先行燒沸。使將做就之獅子頭。逐個投入油鍋中。四面煎爆。爆透之後。以好酒倒入。急關鍋蓋。少時揭開。乃將醬油。食鹽。清水。菜心。同時加入。再燒二透。加入白糖。味和之後。即可起鍋。酒些蘇油。便可供食。

四六　煮五香肉祕訣

〔煮法〕取油入鍋。先行燒沸。使將精肉落鍋。引鏟亂炒。爆透之後。將好酒。醬油。甜醬。冰糖。加入。改用文火徐徐烹。煮少頃再加茴香。花椒。再煮十分鐘。其汁已成黏液體。盛入大盆。涼冷凝結。便可供食。味很香美。

四七　煮凍蹄祕訣

〔煮法〕取鮮蹄入鍋。和水燒煮。一透之後。用刀在肉皮上偏刮。再燒再刮。務使十分潔淨。然後在清水漂清瀝乾。取鮮蹄和水。入鍋燒煮。先用烈大後改文火。漸漸燜煮。待其極爛。將骨提出。將鍋中鮮蹄。零物捺碎。此時便將醬油。食鹽。好酒。冰糖。五香包等。一同加入。再煮數沸。可將五香包提出。加入洋菜一紮。溶解之後。連湯盛入淺缽。俟冷凝凍。切條供食。其味無窮。

四八　煮麵敷蟹祕訣

〔煮法〕取葷油入鍋。先行燒熱。將鮮蟹用刀豎斬兩爿。急將斬開之處。揿入麵粉碗中。使其黏塗。則蟹黃不致流去。乃入油鍋煎爆。敷粉之處。隻隻斬就。待其爆透。將好酒傾入。聞聲。急關鍋蓋。不使走氣。霎時揭開。乃將醬油。清水。白糖。等作料。徐徐加入再燒一透。(碗內之麵須和些水。攪勻候用。)便將麵粉倒入用筷攪攪使其和勻。見巳湯汁成糊稠膩適度。便即起鍋。便可供食。

四九　煑葛仙米湯秘訣

〔煑法〕取鷄汁。先行入鍋。燒煑沸騰。將仙米。冬筍片。火腿片。香菌絲等。一同加入燒沸一透。便可起鍋。盛碗供食味很鮮美。

五〇　煑干貝湯秘訣

〔煑法〕取鷄湯入鍋。先行燒煑待沸後。將干貝。鷄肉。火腿。冬筍。蘇菇等。一井加入燒煑二透。便即成熟。起鍋盛碗。以便供食。

五一　煑羅漢菜秘訣

〔煑法〕取鷄湯和生肉絲。先行入鍋。湯至燒騰。可將鷄肉。肉餅子。魚圓。白果。扁尖。冬筍。火腿肉絲。交菜。走油肉。冬菇。鷄汁湯。一井加入關蓋再燒二沸之後。即可起鍋。以便供食。

五二　煑鮮菌燒豆腐秘訣

〔煑法〕取油入鍋。先行燒熱。將豆腐入鍋。四面略煎。以茅柴菌投入並將醬油。清水。同時加入關蓋燒煑三透之後。更將白糖。洒入。再燒片刻。味和之後。即可起鍋。滴些蔴油。以引香味。乘熱供食。味很鮮美。

五三　煑涼粉秘訣

〔煑法〕

取清水入鍋（約三碗）先行燒沸。便將洋菜投入。加火燃燒。務使渣滓溶盡。方可起鍋。盛入鉢中用井水激冷。便能凝凍。將白糖薄荷煎湯盛器。激冷候食。

五四　紅燒白菜祕訣

〔煑法〕

取油入鍋。先行燒沸。將白菜倒入炒軟。更將醬油調糖。入鍋同炒。使白菜作深紅顏色。即行鏟起。將鍋洗淨。再用素油倒入。燒沸。乃將肉絲冬菰蝦米等入鍋同炒。爆透之後。傾入黃酒。將炒紅之白菜高湯醬油等一并加入。關蓋同燒二透之後。便將白糖酒入再燜片刻。即可起鍋。加些蘇油。以引香味。

五五　煑木耳毛豆祕訣

〔煑法〕

取油入鍋。先行燒沸。便將木耳毛豆。入鍋同炒。爆透之後。將醬油清水入鍋燒煑二透之後。加入白糖。味和之後。即下芡粉。用鏟攪擾。見其湯汁漸凝稠膩適度。便可起鍋。酒些蘇油。以引香味。

五六　煑杏仁豆腐祕訣

〔煑法〕

取杏仁汁入鍋。燃火燒煑。一面即將豆粉加入。用鏟攪擾。不俟煑沸。即行起鍋。涼冷凝結。用刀切塊。將蘇菰醬油清水。入鍋燒煑。見已沸騰。便將杏仁豆腐加入同煑。再燒一沸。即可起鍋。灑些蘇油。以引香味。

五七　煑豆瓣祕訣

〔煑法〕取豆瓣入鍋。和些鹽花。加些清水。煑到八分酥爛。撈起瀝乾。倒油入鍋。先行燒沸。便將煑酥之豆瓣倒入鍋中。從事拌爆。並將鏟背捺豆。使成糊糜。更加醬油沸水及雪裏蕻屑。使成粥糊。闔蓋少燜。待其稠膩。便可起鍋。灑些蘇油。以便供食。

五八　煑香干絲祕訣

〔煑法〕取豆腐干絲。先行入鍋。和入醬油清水。水不可多用）先煑一沸。將白糖加入。再燒一沸。味和之後。便可起鍋。加些蘇油薑絲。即可供食。

五九　煑刀魚去骨祕訣

〔煑法〕淵材五恨。鰣魚其一。刀魚之美。有過鰣魚。而骨之細而且多。則倍蓰焉。法將魚洗淨。以橄欖汁塗刀魚脊骨上。將脊鰭剌入鍋蓋上。鍋中盛好酒少許。醬油熟豬油等作料。文火燒之。則魚肉盡落鍋中。略加芡粉和之。使魚肉成厚糊漿狀。加以香蕈鮮筍片。將魚盛入盤中蒸熟。略加紅湯。味極鮮美。更無骨鯁之患。

六〇　燒魷魚祕訣

〔煑法〕該魷魚性硬。如燒不透。不易咬碎。惟先用砂罐加水煑熟。約五分鐘。再以米泔水浸一晝夜。刷帚洗淨。清水漂至三日後。取出用刀切成骨牌塊。盛於器內。醬油老酒浸漬之。少加姜米。以免魚腥。經一小時之久。再以熯鍋注水。調劑五味。加豬油香葱。煑至大沸。以成湯。食時用筷夾魚一塊沒於熱湯中啖之清脆可口。

六一　煑鷄蛋肉圓祕訣

（煑法）

此品之製法頗難。故每每不易得。其法。先將新鮮猪肉斬極碎。調以酒糖醬油等。取新鮮雞蛋。開一孔於端。將蛋白徐徐傾出。俟其白盡。用箸入殼中輕輕攪之。（殼不可破）別以一器盛其黃。將碎肉納殼中。不可太多。然後將蛋白灌入。以皮紙封其已破之口。手握而搖之。務使其蛋白勻布殼內之四周。後即擲入水中煑二十分鐘。取出。碎殼食之。味美絕倫。

六二　煑牛肉汁祕訣

（煑法）

先將牛肉一磅。切成小塊。置於悶氣小瓦鍋中。用紙封固。（酒醬等均可不用）然後再置於大瓦鍋中。隔湯煑之。下放炭團七八個。上罩以布巾。使火氣不散。如是約經三時。牛肉已變成汁矣。汁味不讓藥房內所售者。價廉物美。諸君可一試之。再此肉若置於鷄汁雖內煑之更佳。

六三　煑神仙肉祕訣

（煑法）

將肉切成方塊。置於瓦鍋中。配以酒醬等。然後封固。放於鐵鍋中。（鐵鍋內宜乾）先燃七個稻柴團。十五分鐘。再燃五個柴團。再隔十分鐘。再燃三個柴團。如是共燃十五個柴團。不滿半句鐘。其肉即可食。且肉味濃厚。肉湯清淨。非急火燒煑者可比。（按）整鷄鴨亦可此法製之。

六四　煑乾菜鴨祕訣

〔煮法〕用最肥之鴨。勿下水。乾退毛後。挖一孔。取出腹內各物。滿入好霉乾菜。先用豬油下鍋滾煉。乃置鴨其中煮之至紅熟取起。剝去外皮。切肉食之。味甚香美。

六五　煮神仙鴨秘訣

〔煮法〕宰鴨一隻，洗淨。去腸雜。以食鹽一小杯。置鴨肚內。將鴨安入一品鍋。以頂好黃酒三斤。加入其內。蓋好置炭爐中煨之約自早晨至下午即可食。其味甚美。

六六　煮酥魚秘訣

〔煮法〕花魚十斤。（即鯽魚）剖洗魚腹。着鹽少許。葱二十斤。去淨老皮。滋葉。以一半鋪鍋底。將魚頭向鍋牆一順安放。用餘葱蓋上。入麻油二斤。醬油三斤。元醋四兩。薑二兩。切碎。川椒末五錢。甜酒二兩。清水二碗。蓋鍋燒沸後。用細水燒二十四小時。鍋底燒木屑最佳。再用自家炒之糖色提之。肉翅即盡酥。味美而鮮。

六七　煮蔴菇蛋秘訣

〔煮法〕以豬小腸一條。末端用線紮緊。將雞蛋和水打勻（雞蛋一枚和水二匙）灌入腸中。至滿。首端亦用線縛緊。置於釜中煮熟。撈起。俟冷時。用極薄小刀。切成連環狀。（使三四刀連續。然後一刀切斷）復置釜中加湯及火腿香蕈等片煮之。以湯沸爲度。起鍋。則附著於小腸之蛋。均突出爲圓形。其形似蛋。味頗鮮美。

六八　煮鹽板鴨秘訣

〔煮法〕人家自煮鹽板鴨。往往愈煮愈縮。皮裂油走。既不中看。又不中吃。於是托鴨店代煮者有之。要知鴨店煮鴨。亦無甚奇妙。不過當鴨煮一滾時。提起。向冷水中一浸。（名曰洗澡）再煮再浸。如是三次。則鴨皮不裂。油不走。然後以文火煮之。不久即透熟矣。余家煮鴨。常用此法。切成待客。無異購自鴨店者。

六九　煮湯糰秘訣

〔煮法〕將乾糯米粉拌水蒸熟。後將糯米先浸一宵。撈起瀝乾。洗淨吹乾。後上磨牽之。用細極之粉。同蒸熟之粉。同拌均和。再將肉斬爛。盛於碗內。微和以水。然後以粉一塊。捏成空糰形。將肉用匙入。再捏圓之。使不漏為佳。入鍋中燒之。浮起便熟。即能食之。

七〇　煮水餃子秘訣

〔煮法〕將肉斬爛。盛碗候用。再將麵拌水用杖打成薄皮。然後以四兩鉢底。刻成圓塊。中包以肉。摺轉便就。勝如蛋餃。入鍋燒透。便可食矣。但中須搭空邊。須捏薄。否則食之乏味。

第六章　醬部

一　造甜蜜醬秘訣

〔造法〕取鹽湯入醬缸。先行曝晒。將晒乾之醬黃粗塊。

傾入鹽湯缸內。亦行曝晒。見糕塊完全溷透。便用竹杷打攪使之和勻。此後隨晒隨打。然醬中仍不免有小粒強塊。可上小磨牽細再晒。磨上黏着之醬汁。可用鹽湯洗滌。見質醬濃厚。醬色作紅。便爲成熟。此時即可供食。或使醬瓜菜不然也須收藏入罎。

二　造醬油祕訣

〔造法〕

取食鹽和清水。傾入醬缸。先行晒熱。取徧體發黃之黃豆。浸入缸內。日夜晒露。陰雨關蓋。每日打攪一次。一月後即是黑色。四五月後。可瀝取其汁。晒過上罎。便可供食。此名曰頭水。若再將鹽湯加入缸內。再晒成油。即是二水。味已減色。

三　醬瓜祕訣

〔造法〕

取小嫩黃瓜。嫩生瓜。小嫩生瓜。小白皮瓜。嫩生薑。小嫩茄。白蘿蔔。刀豆。食鹹次醬。甜蜜醬。用鹽醃透。撈起。大約二三日後。視原料如何而定。將次醬先行套浸。浸透取出。用手勒淨。取套就之材料。投入甜醬缸內。一月可食。爽脆無比。

四　醬鮮蘿蔔祕訣

〔造法〕

取蘿蔔。萵筍。鹽醃透。（佛手枳皮不必醃透）將已醃透之蘿蔔。納入綢袋。緊紮袋口。投入醬油。三日後便將綢袋更入甜醬內。數日可食。

五　醬蟹祕訣

〔造法〕

取肥蟹用鹽醃入缽中。四日後。將醃蟹入臼搗爛。和入陳酒香糟白糖。上磨牽爛。四罎封口。永久不壞。

六　造辣虎醬秘訣

〔造法〕
取醃就之辣茄。和入鹽湯。入小磨管內。徐徐牽下。使成薄醬。下用缽子盛受。牽後取缽移置日下。曝透收藏。便可供食。

七　醬凝脂秘訣

〔造法〕
取石花菜入鍋。和水及食鹽。燒煮數透。見已溶化。盛入缽中。涼冷凝凍。切作小塊。將切就之小塊。先投入醬油缽內。六七日後。更投入甜蜜醬內。再隔數日。便可供食。

八　醬乳腐秘訣

〔造法〕
取醃就之腐塊。用酒釀露。黃子。紅麴。陳酒等。移醃入罎。務使均勻。用鹽封口。翌晨再加原露。緊封罎口。月餘可食。將乳腐塊用食醃鹽入缸內。上面壓緊。隔半月。即可供食。

九　醬桃醬秘訣

〔造法〕
取桃肉入碗。和入白糖。桂花。將桃碗入鍋。蒸透。便行取出。瀝去水分。用筷攪和成醬。即可供食。

一〇　醬辣茄秘訣

〔造法〕
取辣茄。拌入醬鮮。上面壓緊。數日取出。將辣茄取出。再浸醬油缽內。半月可食。

一一　製花紅醬秘訣

〔造法〕取白糖和菓露。入鍋煎透。將花紅肉和入。再煎數透。見肉已化。便將藕粉傾入。隨攪隨煑。見已成醬。便可起鍋。加些桂花。乘熱供食。味很香甜。

一二　製枇杷醬祕訣

〔造法〕取枇杷剝去皮核。將肉盛入大碗。和入白糖。碗面用紙封固。將枇杷碗。上飯鍋蒸煑數透。便行取出。逼去水分。用筷攪擾成醬。即可收藏入瓶。隨時供食。

一三　造桂花醬祕訣

〔造法〕取桂花入礬湯內撈過。攤開瀝乾。將白糖桂花鹹梅。逐層洧入瓶中。以滿爲度。固封瓶口。一月可食。

一四　造玫瑰醬祕訣

〔造法〕取玫瑰花。逐朵入鹹梅湯內撈過一次。便入臼搗爛。更入梅肉白糖。再搗如泥。拿搗爛之醬收藏玻璃瓶內。嚴封瓶口。半月成熟。

一五　製山渣祕訣

〔造法〕取紅菓在篩上摩擦。上盛小缽。取其漿汁。和入白糖。將菓汁傾入鍋中。用文火徐徐抄攪。見他成醬。便可起鍋。俟冷收藏。隨時可食。

一六　造楊梅醬祕訣

〔造法〕

取楊梅和糖。逐層消入瓶中。將瓶口固封。不可洩氣。數日即成。味蜜且美。

一七　造梅醬祕訣

〔造法〕取黃梅子剝去皮核。入缽打爛。和些食鹽。向日光下曝曬二日。將梅醬和白糖紫蘇。入鍋用文火攪抄。不可停手。見其呈紫紅色時。即可起鍋。待冷收藏。經久不壞。

一八　造李子醬祕訣

〔造法〕取李子和水入鍋。用文火先行煮爛。將李子起鍋。在篩上摩擦。細碎之後。和白糖入鍋再煮。用筷調攪。見已成醬。便可收藏。一星期後。即可供食。

一九　造杏醬祕訣

〔造法〕取杏肉水和入鍋。煮沸。見其已爛。將白糖和杏仁同時加入。用筷調攪。隨煮隨攪。見已成醬。便可起鍋。貯藏罐內。封口備用。

二〇　造蘋果醬祕訣

〔造法〕取蘋菓和水入鍋。合煮。見蘋菓已爛。即行取出。在篩上擦碎其肉。和入白糖。將已和白糖之蘋菓屑。入鍋用文火再煮。隨手炒攪。以四十五分鐘爲度。便行起鍋。涼冷收藏。以便可食。

二一　造蘋果和菜醬祕訣

〔造法〕

取甜菜根片。入鍋和水。先煑十五分鐘。將蘋菓片。入鍋合煑三十分鐘。將白糖和入再煑二十分鐘。均須調攪不息。成醬起鍋。候冷收藏。以便供食

二二　造蟹醬秘訣

〔造法〕取蟹十斤。用鹽十兩。醃之缸中。數日。置臼中搗碎。和酒五六斤。酒糟（未經蒸燒酒過者）三斤。糖八九兩。攪拌。乃以磨磨之。則成醬矣。藏之於甕。上包荷葉與箬。復封以泥。雖至年餘不壞。

二三　造花紅醬秘訣

〔造法〕凡果類皆可製醬。各有佳味。花紅醬者。即以花紅果去皮。切爲四塊或八塊。去其子實。於預製之糖液中煑之。需時稍久。迨成薄稠液時。加一小杯花紅果露。或蘋果露。（即市售果露）最後於盛碗中。置半匙藕粉。滴水調碎。乃以製成之物。倒於碗中。復加調拌。即成。以之餉客。備受歡迎。且嘆新奇。

二四　醬茄子秘訣

〔造法〕將茄子用爐灰踏熟。洗淨。以鹽醃之。壓以重石。近二日。撈起瀝乾。和以原醬。對月可食。

二五　醬橘皮秘訣

〔造法〕將橘皮去筋。入於滾水。煎去苦味。便撈起。再投清水漂淨筋屑。不須醃鹽。裝入夏布袋中。瀝去其水。浸入甜醬。閱二三月。即可食矣。色紅味美。

二六　醬佛手祕訣

〔造法〕將刀荳去筋。浸入鹽水缸內。悶二三日撈起。投入次醬缸中約一月。取出洗淨。再入新甜醬內。半月可食。其味甚美。刀荳堅硬。不以次醬浸之。則不入味。不以甜醬套之。則不鮮潔。

二七　醬苣筍祕訣

〔造法〕將苣筍皮削去。用清水漂淨。然後醃鹽壓足。隔一夜撈起瀝乾。盛於篩。以醬洒於其上。切斷食之。爽脆非常。

二八　醬甜嫩薑祕訣

〔造法〕將嫩薑洗淨。不必鹹醃。裝入絹袋之中。緊扎其口。浸入甜醬缸內。三月而就。其味無窮。

二九　醬白蘿蔔祕訣

〔造法〕將白蘿蔔去根蒂。醃以鹽。少頃取石壓之。翌晨撈起瀝乾。再醃以鹽。越二三日。用次醬醬之。上以甜醬封面。至二十餘日。即可以食。

三〇　造蝦子醬油祕訣

〔造法〕將醬油倒入鍋中。和以香料。同煎至沸。以蝦子加入。再加陳黃酒。甫透為度。即香起鍋盛好味之鮮美。莫之與京。

三一　醬水晶瓜祕訣

〔造法〕將杜園小生瓜。荃洞醃鹽。壓之半日。微有水出。撈起瀝乾。先入次醬缸內。悶日晒熟。去其次醬。收入甜醬壜中。緊封其口。甜脆異常。

三二　醬乳腐祕訣

〔造法〕將腐坯。用鹽重重醃勻壓緊。越月上壜。以糯米做成酒釀。榨出之露。和以黃子。及細紅糯。再入陳酒。乃將腐坯換壜。同露醃勻。迨滿。用鹽封口。翌晨加露。緊紮其口。然後即熟。月餘可食。其味甚美。

三三　醬甜瓜祕訣

〔造法〕將生瓜劈破對開。刮去其子。用鹽醃均。壓以重石。明日撩起晒之。微乾。先入次醬。然後套以甜醬。瓜變深黃色。即可以食。

三四　造荳豉醬祕訣

〔造法〕將黑大荳用清水浸爛。入鍋蒸熟。置於籃中。上覆以稻草。俟其發酵。加入食鹽及薑椒茴香薄荷。茶葉。蘇葉。清水等。各等分。然後入甕泥封。曝之久而始成。用以和味。鮮美異常。

三五　醬肉祕訣

〔造法〕將肉洗淨。浦在醬油內。夏日約隔一夜。就可撈起。再以紅米。茴香。花椒。料皮等。包入麻布袋內。同葱薑黃酒清水等。入鍋。須用文火徐徐燒之。見其將爛。已呈桃紅色。即以文冰。倒下收露。俟

其濃厚就可鏟起供食。味之鮮潔。較市售者有過之無不及。（醬雞醬鴨法亦同）

三六　山楂醬秘訣

〔造法〕將紅棗榨取其汁水。和以白糖。倒入鍋中。煎透以後。見其已成醬狀。盛起冷卻。裝入罐內。味同山楂糕無異。

三七　醬牛肉秘訣

〔造法〕將牛肉用清水洗淨。浸在醬油內。過夜撈起。然後將紅米香料花椒等。包入夏布袋內。和葱薑清水等。入鍋燒之。見其將爛。即以文火撤下收露。再燜少時。俟其湯水濃厚。便可鏟起。以備供食。其味之美。罕有倫比。

三八　醬牛肚秘訣

〔造法〕將牛肚子翻身。用廚刀刮去其污穢。洗清漂淨。倒入鍋內。用水煮之。待沸下以食鹽。然後帶燜帶燒。見其已爛。隨即撈起。投入甜醬缸內。醃數日即成。食時用刀切絲。以葱屑和入母油。再用熱油澆之。以作燻肚之用。

三九　造三果醬秘訣

〔造法〕將桃仁。杏仁。放入碗中。用沸水泡之。少時。脫去其衣。吹乾。倒入熱油鍋內炸鬆。撩起。同松仁再入油鍋內炒之。（菜油少些）約一二分鐘。然後用桂花甜蜜醬和之。以鏟炒勻。便可就食。

四〇　造糯米醬秘訣

〔造法〕將糯米用臼舂粉。澆水作糰。放於籠內蒸熟。俟冷攤置籃中。上蓋稻草。七日發酵。晒乾。拭毛。用鹽湯煎滾。俟冷。置入缸內約五六日。用耙攪細。曝之一月。即可取食。

第七章　糟部

一　糟鹹鷄秘訣

〔糟法〕取鹽徧擦雞體。醃入缸中。加些茴香。陳酒。用石壓好。越一星期取出。懸空風乾。將白糟用鹽拌和。徧塗雞體。藏罎封口。一月即就。

二　糟鮮鷄秘訣

〔糟法〕

取香糟跟酒及食鹽拌和。入鉢。將絹袋內之雞浸入香糟。緊封其口。隔二小時取出。緊湯白煑。味頗香美。

三　糟肉秘訣

〔糟法〕取鮮腿。徧擦食鹽。醃入缸中。加入茴香。黃酒。荷葉蓋好。用石壓緊。約十日。撈起晒乾。將糟和些食鹽。徧塗肉上。入罎封口。永久可食。

四　糟熟肉秘訣

〔糟法〕取糟跟香料入石臼中杵透。將熟肉一層糟一層肉之。醃入罎中。將竹箬封口。勿使洩氣。日久不壞。隨時可食。

五　糟鹹魚秘訣

〔糟法〕取食鹽偏擦魚體。跟好酒茴香醃。入缸中。用石壓緊。隔八九日。置入罎中。用竹箬封口。日久可食。

六　糟鮮魚祕訣

〔糟法〕取青魚塊。用黃酒食鹽葱薑等置盆中。越夜裝入絹袋。紮緊其口。將絹袋浸入香糟鉢中。半日取出。緊湯白煮。味頗香鮮。

七　糟蟹祕訣

〔糟法〕取酒釀糟。跟食鹽。拌在一起。將拌好之酒釀糟一斤。擲滿罎底。將螂蟹三隻。平舖砌入罎內。用糟再舖。取蟹再砌。照此循環。砌至滿罎。將花椒袋。也入糟罎。筍捧封口。用泥塗搪。不可出氣。七日可食。

八　糟蝦祕訣

〔糟法〕取糟先倒入罎。將鹽入糟攪和。將坑蝦葱屑同時入罎。用筷攪勻。並下黃酒將油紙筍捧緊封其罎口。勿使走氣。日久可食。

九　糟蛋祕訣

〔糟法〕取糟及鹽。拌和後。將蛋和入。跟糟和勻。固封罎口。日久可食。

一〇　糟菜祕訣

〔糟法〕

取香糟跟茴香末拌和。將糟菜團重糟滿一罎。將筍罈緊封其口。再搪些泥。務須使其不能走氣。七天之後。開罎取食。葉不染糟。而香味馥郁。

一一 糟茄秘訣

（糟法）取糟鹽跟明礬等。拌和。將茄皮及糟重疊糟滿一罎，將筍罈緊緊用泥封口。日久可食。

一二 糟猪肚秘訣

（糟法）取豬肚入鍋。和水燒透。將酒。鹽。加入。再燒二透。至爛起鍋。將肚入袋浸漬糟中二時取出切片蘸食。

一三 糟蹄胖秘訣

（糟法）取香糟。盛缽跟食鹽。陳酒拌和。將蹄胖。裝入絹袋。紮緊其口。浸入香糟缽中。約三小時。便可取出。將糟蹄胖跟火腿。食鹽。陳酒等。緊湯清天。味頗香美。

一四 糟油麵筋秘訣

（糟法）取油麵筋入鍋。微和些水。及醬油食鹽緊湯燒熟。取缽盛入油麵筋。中挖一潭。將香醬袋浸入緊閽缽蓋半日可食清香無比。

一五 糟筍乾秘訣

（糟法）取筍乾。水。醬油。食鹽等入鍋。燒至二透。焖爛起鍋。盛於缽內。將缽中之筍乾。中挖一潭。將香糟袋浸入。緊閉其蓋。不使漏氣。半日可食。

一六　糟乳腐秘訣

〔糟法〕取腐坏將食鹽。重重醃入缸內。用石壓緊。一月爲度。將腐坏帶鹽取出。將白糖花椒。重重轉醃入鉢。用鹽封口。隔日縮下。再加少許。封口搪泥。不使洩氣。日久便就。

一七　糟嫩薑秘訣

〔糟法〕取桃仁舖蓋罈底。將香糟五斤。食鹽半斤。陳酒四兩。同嫩薑拌和入鉢。醃至七天。取出拭淨。另用鹽酒香糟拌勻。藏罈上面。滲些粟末。封口搪泥。日久可食。

一八　糟鮮筍秘訣

〔糟法〕取香糟用筷納入捌通之嫩節洞內。將香糟再塗筍殼之外面。將筍之尖端向下。隻隻裝入小罈。封口搪泥。日久取食。

一九　糟蝦秘訣

〔糟法〕取香糟。食鹽。黃酒。花椒。在鉢內。拌和。將蝦袋浸入香糟鉢　。半時取出。將乳腐露。蘇油。白糖。胡椒拌食。其味香美。

二〇　糟野莧菜秘訣

〔糟法〕取香糟跟食鹽。好酒。花椒。拌和。將野莧菜梗。醃。入趟四五日。便可供食。味很酥糯。

二一　糟瓜秘訣

〔糟法〕取生瓜入石灰明礬湯內浸漬半時。（石灰明礬湯須待冷可用）撈起瀝乾將香糟五斤。食鹽二斤黃酒半斤同生瓜拌和。先醃缸內。十日之後。取出吹乾。又將香油五斤食鹽二斤。黃酒半斤。茴香末一兩。跟吹乾之生瓜拌在一起。收藏罎中箬泥嚴封。日久可食。

二二　糟蘿蔔祕訣

〔糟法〕取食鹽斤半。將蘿蔔重重先醃入缸。用石壓緊。五日之後取出攤開。向日曬乾。將香糟入罎再同食鹽陳酒香料拌攪均勻。然後乃將乾醃蘿蔔入糟拌和。竹箬封口外搪爛泥。勿使洩氣。日久可食。非常香脆。

二三　糟萵苣祕訣

〔糟法〕取香糟食鹽黃酒入缽內拌和。將萵苣醃入糟中。十日取出推開曬乾。將玫瑰花一朵。用萵苣一枝。盤旋花外。將細竹簽簽住。不許散開。如小餅一樣。個個盤好收藏罐內。固封罐口。隨時可食。

二四　糟肉祕訣

〔糟法〕無論何項之肉。均可糟之。將大肉煮爛撈起去湯待乾。切作適中之塊。須先買頂好白糟數斤。加鹽適宜。和以五香末及花椒粉鹽類。放石臼中杵透候用。如之肉三斤。白糟五斤。和鹽八兩。加香料粉一兩。先擇潔淨無損之缾一個。將白糟攤放缾底一層。約厚一寸餘。丈將熟肉放入糟之中間。再蓋以糟一層。漸漸將肉糟如式乘疊而滿。上面之糟。宜略比前加厚。外用竹箬包好。縛緊。勿令洩氣。雖至半年不壞。春秋二季五日。夏三日。冬七日。隨意取出。切片食之。其味甚佳。馨香鮮美。若糟豬肉。不得和以別項等肉。恐失正味。惟魚宜生糟。無論何魚。宜去腸雜鱗甲。洗淨。內擦以鹽少許。掛於通風處。吹之稍乾。切塊糟之。比肉多封六七日。欲食時取出。切片置飯鑊蒸之。味頗佳美。

二五　糟肚片秘訣

〔糟法〕

將肚翻轉。用刀刮去其穢。漂洗潔淨。入鍋燒之。并和以水。一透下酒。再透下鹽。三透燜之。便成熟。然後撈起。放入袋內。緊紮其口。投浸香糟缽內。以蓋蓋之。一小時取出。用刀切成細條。裝入海碗。醬蘇油加入。食之爽美。

二六　糟青魚秘訣

〔糟法〕

將青魚去鱗腸。不必洗淨。用鹽醃於缸中。歷二小時。便取出。用水洗淨。切成方塊。倒入袋內。以線扎其口。投浸於香糟缽中。又歷二小時。入鍋燒之。和水一碗。先燒一透。下陳酒。再燒之。微和以鹽。不可過鹹。然後將細粉和下。迨熱撈起。迪以蒜葉。食之非常香美。

二七　糟白斬鴨秘訣

〔糟法〕

將鴨殺就。漂洗潔淨。切成小塊。入鍋和水燒爛。須用文火。先燒透。便下鹽。不可過鹹。燜爛撈起。盛於缽中。以糟入袋。亦浸缽內。再用蓋蓋好。霎時可食。但水不可過多。恐乏鮮味。

二八　糟白燜鷄秘訣

〔糟法〕將雞殺就洗淨。切成四塊。放入絹袋內。緊扎其口。浸於香糟鉢中。約二小時。即可取出。入鍋燒之。少加以水。須用文火。燒之數透。下以冬筍及筍尖。再燒之。微爛下鹹。不可過頭。燒乾鏟起切成長細之條。平鋪大盆之底。食時再用麻油蘸之。美不可當。盛夏爽胃。惟一良饌也。

二九　糟筍乾秘訣

〔糟法〕將筍乾入鍋燒透。先燜一夜。翌日撈起。切成片片。微和以水。入鍋再燒一透。加以醬油及鹽。再透少燜。便可撈起。盛於鉢內。中挖一潭。用香糟入袋浸之。緊閉以蓋。宴時可食。亦爲夏令妙品。

三〇　糟魚秘訣

〔糟法〕將活鯉魚先去其鱗。并去其腸。劈開。帶血醃入缸中。用石壓結。隔八九日。撈起穿於竹籤。上高懸晒之。晒乾上壜。偏塗以糟。然後緊封其口。且擋以泥。他日取食。其肉血紅。其味馨香。

三一　糟鷄秘訣

〔糟法〕將雞殺就。去腸洗淨。以鹽醃好。和以香料。用石壓緊。越六七日。撈起瀝乾。掛於櫥下。使之吹乾。待吹乾後。收入壜內。偏塗以糟。緊封其口。且搪以泥。約一月餘。即可以食。

三二　糟香菜秘訣

〔糟法〕將香菜醃以鹽。然後將白酒糟及香料拌在一起。再一層間一層裝入罎內。緊封其口。且搪以泥。越旬即可食矣。

三三　糟蝦祕訣

〔糟法〕將蝦洗淨。剪去芒足。再將酒糟拌和。裝入布袋。移入缸內。越日取出。醃而食之。味過酒搶蝦。

第八章　糖部

一　造黃糖祕訣

〔製法〕取榨出之糖汁。用細蔴袋漉去渣滓。傾入鍋內。加些石灰。燃火便燒。用勺攪擾。見他騰沸。便將上面浮起之雜貨。打去一清。再加石灰。攪勻之後。勺入桶內。使污物沉澱。桶底割去沙脚。仍加石灰。入鍋煎煮。如是數次。糖漸純潔。汁漸濃厚。乃移置冷鍋內。使之凝結。最後移入木箱。拌攪三十分鐘。便成極佳之黃糖。

二　造冰糖祕訣

〔製法〕取白糖蜜糖入鍋。和水煎沸。便將金柑或福橘香橙等。投入糖內。用槳攪擾。煎煮二三點鐘。見糖汁漸漸濃厚。將一大磁洋盆。盆底滿舖潔淨白糖。便將煎就之金柑福橘香橙等。擲置盆內。用手撳扁。逐個四面滿拌白糖桂花。轉裝入瓶。圓封瓶口。隨時可食。味很香甜。

三　造蜜薑祕訣

〔製法〕

取白糖蜜糖。入鍋和水。用文火煎煮。使沸。將薑片橘皮傾入鍋內和糖同煮。用柴攪擾煎煮三時。見其漸漸濃厚。下些桂花。便可起鍋。連糖一并裝入玻璃瓶內封口貯藏。隨時可食。

四　造糖櫻桃秘訣

〔製法〕

取櫻桃楊梅等材料。用白糖桂花。浸漫瓶內。隔至一天。另將白糖和入清水及薄荷汁等。入鍋先行煮沸。然後將浸漫之材料。一并傾入同時煎煮。用柴攪擾約三四小時後。見其糖汁。漸漸濃厚。將煎成之原料。逐個用筷鉗入鐵篩篩內須用油紙攤舖。個個相間均勻。然後移置炭火。緩緩烘焙。見已乾燥。便可收藏密器。隨時可食。味很甘美。

五　造糖佛手秘訣

〔製法〕

取白糖蜜糖和些清水。入鍋煎沸。將佛手刀豆。投入同煎。煎至二三點鐘後。撈起吹乾。另和糖水。煎沸。投入再煎再撈起。如是須煎三次。直至末結一次。便可帶糖收藏。隨時可食。貯久不壞。

六　造糖橙餅秘訣

〔製法〕

取原汁。（如橙汁山查汁南瓜糜等）微和些水。入鍋燒沸。將紅花湯傾入。（山查餅和橙餅可以不用）用筷力攪。更用烏梅湯傾入。（橙餅可以不用）仍舊攪擾。不可停手。便用白麵粉傾入。此時攪擾。尤須費力。又用白糖玫瑰醬傾入。力攪不已。見糖已牽絲不斷。便可鏟起盛盆涼冷。凝凍切片。即可供食。味色俱佳。

七　造糖梨膏秘訣

〔製法〕取黃香梨。水蜜桃。冰糖。桂花油。一同入鍋。和清水同煎。使沸用鐵拌攪煎至原料內之甜汁盡行流出。急取起鍋。濾取原汁。瀝去渣滓洗淨原鍋。再行倒入。加熱使沸。加入冰糖。帶燒帶攪。不可停手。見其液汁漸漸濃膩成膏。便將桂花油倒入攪勻。盛起涼冷。裝瓶貯藏。隨時供食。味很甘美。

八　造香蕉糖秘訣

〔製法〕取白糖淨糖。和水入鍋。用文火煎之。使沸。用竹棊時時攪擾。不可燒焦。隨燒隨攪。見其糖汁牽絲不斷。便將糖汁滴入冷水。若已發硬作脆。將香蕉油傾入（欲製何種糖可入何種油）用棊攪擾均勻。即將糖汁傾擲油布之上。待其在將硬未硬之時。用手搓成長條。用剪剪斷。霎時作脆。便成極佳之香蕉類。

九　製蜂窠糖秘訣

〔製法〕取白糖和清水。入鍋煎沸。用棊時時攪擾。煎至糖汁牽絲不斷。將糖鍋移置桌上。將檸檬油傾入。用棊攪擾。則糖都作小泡。此時用蒲包一塊。擲置桌上。上面雜置檳榔紅花。甘草等各種藥品。便將糖汁悉數傾在藥品之上。俟冷凝結。剝去包皮。便成蜂窠糖。

一〇　造花生糖秘訣

〔製法〕

取白糖和水。入鍋煎沸。用槳攪擾。見其糖汁牽絲。將花生肉和玫瑰槳傾入此時須竭力用槳攪擾。務使糖汁徧黏果肉十分均勻拌就成塊。安置油布待冷發脆便可供食。

一一　造梨膏糖祕訣

〔製法〕

取白糖和梨汁。入鍋煎沸。隨燒隨攪。不可使焦。煎至糖汁牽絲將玫瑰油傾入糖內。（欲製何種梨膏糖。可將何種香油傾入糖內）用槳攪勻。便傾入方木匣內。上面鋪蓋玫瑰醬等。（若做豬油梨膏糖。上面亦宜多鋪豬油以壯觀瞻。）待其涼冷凝結。用刀劃成方塊刀路不必過深。拆去方架。便成梨膏糖。

一二　造牛皮糖祕訣

〔製法〕

取白糖和水。入鍋用文火燒沸。隨燒隨攪。見其糖汁將濃。將真粉預先用水化好。割去粉脚。傾入糖內。此時糖汁益濃。攪擾更須猛力。不可停手。約燒兩點半後。見糖老嫩適度。便可起鍋。傾於青石之上。攤開涼冷。用手稱薄。將稱薄之牛皮糖。用剪剪成半寸闊。五寸長之條塊。投入潔白糖內。滿黏白糖。乘手捲彎。以便可食。

一三　造糖大蒜祕訣

〔製法〕

取蒜頭用鹽醃於缸中。五日取出。裝入罎內。待罎滿口。將陳酒赤糖封灌罎口。然後再用油紙筍殼緊紮罎口上蓋大盆隔了一日便可取食。

一四　造芝麻糖祕訣

〔製法〕取白糖淨糖。和水入鍋。用文火隨煎隨攪見已牽絲。將芝蔴傾入鍋內竭力攪擾見已和勻。傾入木匣用手揿扁中包玫瑰白糖心。裹轉揿結便成長條縱面適成橢圓形。待其涼冷用刀切片。便成芝蔴糖。

一五　造蜜橘皮秘訣

〔製法〕將福橘之皮。在四面用刀豎劃六痕。然後將肉挖出不可撕破其皮。挖就井去其筋。入沸水用槃打之。以去苦水。撈起瀝乾。另生炭爐用糖和水（約一茶碗）及桂花等入鍋燒之。迨透。以橘皮倒入。用槳拌和。燒至糖能牽絲便可裝入瓶中。緊封其口。以備不時之需。

一六　造蜜薑秘訣

〔製法〕將嫩薑去管洗淨。用刀切成薄片。入沸水內用手捏之。去其辣味。捏就撈起。然後將白糖桂花水等（約一茶杯）入鍋燒透。以薑倒下。用槳拌和再燒數透。糖至牽絲。乃連糖及薑一同裝入缽內。款客時可將薑用筷箝盛於西式小盆內。靈巧無比。

一七　造木樨醬秘訣

〔製法〕將木樨花揀淨去腳。先入滾湯內打之。隨即取起。然後裝入洋瓶。醃以白糖及雙梅。重重砌滿。用糖封面緊塞其口約一月餘即可以取而食之。

一八　造蜜香橙秘訣

〔製法〕
將香橙以剪刀豎剪六痕。在洋盆內用手按扁。以去其酸水及子。然後再入沸水內先煎數透。悉去其酸、再倒入糖鍋內燒之。照前法燒就盛於磁缽他日取食。甜香異常。

一九　造蜜洋梅祕訣

〔製法〕
將洋梅入於沸水內洗之。以殺其蟲。然後再入糖鍋內煎之。與前同一手續。惟水須較稍多。煎須較嫩。蓋洋梅不能多煎。多煎恐其過爛故也。煎就亦入瓶內。緊封其口。四時不壞。爲用甚便。

二〇　造密枇杷祕訣

〔製法〕
將白糖和水一茶杯。同桂花入鍋煎透。然後將枇杷去皮柄投於糖鍋內煎數透。待糖牽絲。一併裝入玻璃瓶中緊扎其口。四時可食。

二一　造密青梅祕訣

〔製法〕
將青梅先入沸水內煎數透。以去酸水。然後再入糖鍋中煎之。用水較製蜜枇杷稍多。至少須要三茶杯。待煎至牽絲時。亦可裝入大洋瓶內。緊封其口。食之若不甜。儘可加糖再煎之。

二二　造糖佛手祕訣

〔製法〕
將黃蘿蔔洗淨。切成佛手形。入煎過糖內煎之。（須要多備白糖一斤半）煎數次撈起吹乾。再後煎。（第二製過白糖不能用）待糖將及牽絲。取起裝瓶。緊扎其口。食時如不甜可再煎之。

二三　造梨膏秘訣

〔製法〕

將白糖和水一碗。入鍋煎之。煎至牽絲。倒入匣內糖面和以玫瑰（桂花薄荷猪油等均可和入惟視喜食者之如何可耳）待其涼冷凝結。用刀劃痕或正方或狹長均無不可劃就便可以食。

二四　造芝蔴糖秘訣

〔製法〕

將白芝蔴先行炒熟。置於木匣。再將玫瑰醃拌以白糖一兩。亦另置一器。然後再以白糖和水入鍋煎之。待至牽絲時。倒入芝蔴匣中。用手扞之。拌均稱平。便即捲轉。中包以白糖玫瑰之心。包就四面光滑。且用力以使之結實。再以刀切成薄片。俗名之曰芝蔴片。食之異常香脆。

二五　造薄荷糖秘訣

〔製法〕

將白糖同牛皮糖。一樣燒法。須多燒半時。燒就攪起。入於芝蔴邊內。待其涼冷。用手拉薄。遍洒芝蔴。隨拉隨捲。勝如布疋。用剪剪成狹條。然後再以手捲好。成芝蔴捲。即可以食矣。

二六　造花生糖秘訣

〔製法〕

將白糖和水入鍋。燒至牽絲。以熟花生肉倒入。然後用槳拌之。數透隨即取起。攤於油布之上。待其吹乾。裝入磁瓶之內。食之甜脆無比。

第九章 酒部

一 造黃酒秘訣

〔製法〕取浸就之糯米。淘淨後。入米桶內上鍋蒸熟。熟後取下。用清水淋瀝。滅低其溫度。取米飯入缸。和入麵末酒藥末等。用手拌勻。稱平控潭。蓋好缸蓋。三朝之後。加入清水。用扒打攪。每日數次。一星期後。熱度即退。無用再攪。三日之後。將米漿納入榨袋。榨取酒汁。仍入缸中。割去渣滓。將酒汁灌入錫鍋。加熱煎煮。見已沸騰。即須取下。乘熱裝罎。封口搪泥。貯藏候用。愈陳愈佳。陳至十餘年者。其色發赤。名曰花雕。

二 造大糟燒酒秘訣

〔製法〕取大酒糟。入缸踏結。上面滿蓋礱糠灰。見其性來。摘褁酒糟。再加礱糠灰。拌之極和。將灰糟上甑。外套錫鍋。燃大吊之。大約灰糟百斤。可出燒酒十七斤數。如欲將灰糟再吊。二次頭次不可吊枯。可將蔽穀若干。拌入熱糟。攤開涼冷。仍入缸中。踏結關蓋。用泥封搪。越一星期後方可再吊。

三 造粞燒酒秘訣

〔製法〕取白糯淘浸缸內。五日撈起。瀝乾上甑。蒸透之後。清水淋冷。倒飯入缸。拌入酒藥。全缸稱平。中控一潭。蓋好缸蓋。明晨發酵。冲入清水。用扒打攪。一星期後。將酒漿均作三鍋。外套錫鍋。燃大吊之。大約每罎。可出燒酒七十餘斤。

四　造麥燒酒秘訣

〔製法〕

取小麥入缸。和水先浸一宵。明日上甑蒸透。仍入缸中用沸水冲下。剎時開化。便即撈起。倒入麥棧攤開涼冷。然後堆集一起。扒成長蛇形。拌和酒藥。仍舊攤開。上蓋稻草。增加其溫度。候其性來。便可入缸冲下清水。關蓋搪泥。一星期後。將麥槳入鍋外套錫鍋。燃大吊之。大約每石。亦可出燒酒七十餘斤。

五　造高粱燒秘訣

〔製法〕

取已經舂細之高粱子。入水先浸半日。撈起後。倒入鍋中和適量之水分。燃火煮熟。略帶黏膩。凝結若膠。便即取出。平攤竹蓆。涼冷至華氏七十度時。即將酒藥竭力拌攪。使之極勻。上蓋草蓆。增加溫度。見其發酵。先用沸水洗泡酒缸。然後急將麥膠倒入缸中。稱平控潭。關好缸蓋。每隔四小時。用耙打攪一次。二十四時後。可將清水冲下。打攪均勻。便可封缸。不可漏氣。十日之後。方能開缸。將高粱裝盛入鍋中外套錫鍋。燃火吊之。吊出燒酒。裝罎封口。待伏可飲。

六　造白酒秘訣

〔製法〕

取糯米先浸一宵。撈起淘淨。上甑蒸透。用水淋瀝。以改溫度。見將涼冷。將飯入缸。加入酒藥拌至極勻。全缸稱平中挖一潭。潭中酒些藥粉。關好缸蓋。四面用稻草圍緊。保存溫度。天暖一週夜即能成酒釀。天冷三週夜也可成熟。倘欲做成白酒。不食酒釀。急將酒釀缸取出外面。待至涼冷。再隔一日。使其發凶。然後將清水倒入。拌攪勻淨。三日上榨。便成白酒。裝壜可飲。

七　造粳米醋祕訣

〔製法〕

取米先浸一夜。撈起淘淨。上甑蒸熟成飯。倒出冷透。裝入罎內。隔了三天。將清水傾入罎內。用柳條時時攪擾。七天以後。不必再擾。隔至一月。用花椒黃柏。入鍋煎透。待其涼冷。便可貯藏。

八　造皮酒祕訣

〔製法〕

取淨酵薑汁冰糖汁等。先入大玻璃瓶內。再將蒸溜水灌滿。能容適量之大玻璃瓶內。塞緊瓶口。不可稍有洩氣。一日即成。便可供食。

九　造菓酒祕訣

〔製法〕

取各種菓子。榨取其汁。將酒精白糖菓汁。同入罎內。密封其口。安置地窖中。隔五六星期。便行取出。將壜面又清又冽之菓酒。裝入玻璃瓶內。用橡皮壓緊。大漆封口。貯藏愈久。香味愈醲。

一〇　造酒精祕訣

〔製法〕

取木槽豆鍋上。通以蒸氣。燃火蒸煮。至十二小時為度。取木屑撈去盡淨。待至涼冷。再加白石粉三磅。仍舊加熱。至攝氏二十四度至二十五度。待其發酵。酒精即成。

一一　造玫瑰酒祕訣

〔製法〕

取各種花葉。納入袋內。預置瓶底。將剛繩吊出之燒酒。倒入瓶中。以滿爲度。固封瓶口。半月可飲。飲乾後。仍可將未浸燒酒倒入再浸。不過香味略遜。

一二　造假甜酒秘訣

〔製法〕取蛋破殼。瀝取其蛋白。用筷打和。入些清水。和赤糖拌在一起。將赤糖等傾入鍋內。用火燃燒。再將冷水輕輕冲下。不可冲淨。煮透去渣。再煎數透。撈起涼冷。和入高元酒內。即成假甜酒。

一三　造糯米醋秘訣

〔製法〕取糯米先浸一宵。淘淨蒸飯。用麴麥打細。拌在一起。取清水二斗。一同釀入罎內。封口二十一日。榨去米糟。便成佳醋。但在收藏時。又須割去沉澱爲要。

一四　造小麥醋秘訣

〔製法〕取小麥先浸三日。淘淨蒸飯。攤入匾內。上罨柴草。使其發黃。將小麥飯納入罎內。和入清水。固封其口。七天之後。榨去渣滓。便成酸醋。

一五　造大麥醋秘訣

〔製法〕取大麥先浸一宵。淘淨蒸飯。入匾罨黃。再行晒乾。用水淋瀝。將麥和水一同入罎。攪勻封口。隔至二十一天。便可開罎。榨去渣滓。即成佳醋。

一六　造粟米醋秘訣

〔製法〕

取陳粟一斗。先浸七日。然後蒸飯。將陳粟和水。入罎。上蓋密蓋。日夕攪擾一週之後。榨去渣滓。便成好醋。

一七　烏梅醋秘訣

〔製法〕

取烏梅肉。浸入好醋。取出晒乾。再浸再晒。以醋浸乾爲度。將晒乾之烏梅先上小磨牽細再入鉢內研末。裝入小瓶。和市上之味之素一樣。臨食時。酒些在內便成醋味。此醋可推爲首等。若將其做醋丸。攜帶也很便利。

一八　造敗酒醋秘訣

〔製法〕

取壞酒入罎。置在灶後。密蓋罎口。每天燒飯之後。拿鉗柴之火叉。燒至極紅。刺入酒內。攪擾一次。每天兩回。隔過一月。便成佳醋。但所用之火叉。切忌有鐵銹者。

一九　造西瓜醋秘訣

〔製法〕

取西瓜內之第二層肉。切成小塊。裝入罎內。上面用糖封口。關蓋三天。滴入醋數滴。使其發酵。密閉罎蓋一月。撈後榨去渣滓。即成佳醋。

二〇　造蘋菓醋秘訣

〔製法〕

取蘋菓連皮帶子。切成小塊。納入罎中。加入蒸溜水二升。並入醋精數滴。使其發酵。密封罎口。數月之後。榨去渣滓。即成佳醋。

二一　造埒飯秘訣

〔製法〕將糯米先浸一日夜。撈起瀝乾。上甑蒸之極透。抬上缸架用清水徐徐淋之。其回淋以水以景況天時寒煖爲率。越日搾飯下缸。後再隔三日加糯副水下。約一月餘。其坯即透上榨榨之。再和入椒藥。即可成就。

二二　造白冬陽秘訣

〔製法〕將糯米先浸一日。撈起瀝乾。再用清水冲去泥脚。極能潔淨。然後上甑蒸之。迨透。以水淋數次。其飯倒入缸中。再將酒藥研細。拌均於飯內。稱平中控一深潭。至三朝漿滿乃佳。徹冲以水。即退其熱。再暖二日。取出冷之。三日出酒。榨出之糟再加副水。配合觔兩。每擔出酒八桶。每桶四十五斤。

二三　造荔子酒秘訣

〔製法〕取鮮荔枝去殼。同冷冰置入玻璃瓶中。然後將高粱酒澆下。盛滿塞口。閉封日久可飲。其味極勝。

二四　造白朮酒秘訣

〔製法〕取白朮切成薄片。以清水浸至二十日。去其渣滓。將汁倒入盆中。置於露天下五六夜。其汁已成血。取以浸麵作酒。即可服飲。能治百病。

二五　造地黃酒秘訣

〔製法〕取地黃用刀切塊搗碎。再將糯米蒸飯。麵粉研細。然後三物一併倒入大盆中。揉熟相勻。倒入罈內用泥緊封其口。過二十餘日。屆時開看。上有一層綠液是其精華。先可取飲之味頗甘美。餘則用布絞汁收藏之。

二六　造香雪酒祕訣

〔製法〕先將糯米九斗。淘之極清。倒入缸內。後將水倒下清水須多一斗。復將糯米一斗淘淨煑熟埋於米上。用草蓋覆缸口。二十餘日。候浮先瀝飯殼。次瀝起米。俟乾煑飯。然後用原米浸米水放下白麴攪勻米殼。蒸熟放入缸底。如天氣熱。略出火氣。拌勻後。蓋缸口。一日打頭扒。去蓋半日再打二扒。如天氣酷熱。須再出火氣。三扒打絕。仍蓋缸口。候熟即成。

二七　造皮酒祕訣

〔製法〕取汽水。酒漿。薑汁。淨酵。等物。注入瓶內。將口緊塞。徐徐播動。使其和勻。越三四時。啤酒已成。便可飲之。

二八　造玉蘭花酒祕訣

〔製法〕取新鮮玉蘭花。摘去其鮮。以布拭淨。然後和冰糖倒入燒酒內浸之數日後。即成。酒味極佳。

二九　造金銀花酒祕訣

〔製法〕將新鮮金銀花。（如無。藥店內有售。）揀淨晒乾。以冰糖一同倒人瓶中。然後將燒酒倒入。用大漆封口。浸至日久。即可飲服。飲之清脾。

三〇　造酒釀祕訣

〔製法〕先將糯米倒入水中。浸過一晝夜。撈起。在河裏淘清，上甑蒸之。蒸透後。以水淋之。再以原水復淋。將飯倒入缸中。再將酒藥研細拌入飯內。其中挖一深潭。上面再以藥末摻上。然後關蓋。如在冬天。缸之四周。須加置稻草及礱糠。蓋上或置棉衣。以保其溫度。隔至三朝。異香撲鼻。即成甜酒釀矣。

三一　造薑酒秘訣

〔製法〕取薑汁。葉酸。赤砂糖。先行調和。置於木桶中。加以八十度以上之蒸溜水。稍冷。加入淨酵檸檬汁。旋即桶口封固。迨至二三日。裝於瓶中封口。越十日即就。

三二　暴酒速成秘訣

〔製法〕葡萄酒以陳者為可口。可以新製之酒。藏之暖室中。熱四十度者。一月而陳。熱三十度者。三四月而陳。熱五十度者。數時即陳。惟猛漲甚烈。瓶勿宜滿。又以堅繩繫瓶塞。否則塞出而酒亦溢出矣。

三三　釀佛手酒秘訣

〔製法〕佛手之乾縮者。可勿棄去。以之片片（約半方寸大）切開。浸於上等燒酒中。酒瓶須蓋密。（一走氣則味失）日後取出飲之。味極清香。且可治氣痛氣脹等病。飲少許可愈。

三四　桃釀酒秘訣

〔製法〕

將半熟甜桃。去核及皮。切小塊以白糖。裝瓶內。封口藏之。三月後。桃盡變成液汁。清香而有酒味。若用葡萄亦可。

三五　造香檳酒祕訣

（製法）將雪梨榨出其汁。盛入罎中。加下白糖。酒精。密封其口藏於地下越四十餘日取出裝瓶。飲之香美。

三六　造檸檬酒祕訣

（製法）將檸檬切成斜片。然後倒入紹興酒內。浸至半日即可飲服。味過佳釀。

三七　造白玫瑰酒祕訣

（製法）將白玫瑰花。及冰糖。注入玻璃瓶中。然後將燒酒倒入瓶中。用蓋緊閉。塗以大漆。一月可飲。味極清香。

第十章　醃部

一　醃風鷄祕訣

（醃法）將雞殺就。不可去毛。即在腹部。用剪破開。挖去肚腸。不可染水。（挖出之腸雜可先行烹食之）取食鹽入鍋炒至極熱。使即納入雞肚。務使附着腸腔各部之四周。再將燒紅之木炭數段。乘熱納入雞腹。紮緊裂縫。懸掛在通風之梁上。數月以後。取下烹食。味很肥嫩。

二　醃醉蟹祕訣

〔醃法〕取蟹洗淨養在潔淨之缸中。隔三十分鐘則其肚內含有之水汁。全行作膜噴去。此時便將其每隻扳開臍扳納入老薑一片食鹽少許。即用蘇線或稻草四花頭連足縛住。隻隻縛就。將蟹隻裝入缸內。用醬油黃酒花椒食鹽等灌入缸內。淌漫數日。轉裝入罈。略加白糖封口貯藏。隨時可食。

三　醃腰片秘訣

〔醃法〕取花椒一撮。用沸水泡過。待其涼冷。便將漂清之腰片投入撈浸。（椒子須預先撈去）將腰片撈起。更用沸水泡熟。待其涼冷。再用醬蘇油醃拌或加好醋。便可供食。鮮嫩無比。

四　醃醉鷄秘訣

〔醃法〕取蒸熟之雞塊。待其涼冷後。納入磁罐。再將陳酒。醬油。花椒。炒鹽等。澆漫雞塊。使酒醬液汁務使浸過雞肉之半。將罐口用竹箸固封。不可洩氣。隔越三天便可取食。味很鮮美。

五　醃干貝拌鷄秘訣

〔醃法〕取雞絲和干貝拌在一起。裝入西式盆內。將醬油。蘇油。澆入盆內。用筷攪勻。加些白糖。即可供食。味很鮮美。

六　醃鮮蝦秘訣

〔醃法〕取活蝦先行洗淨。然後用剪剪去蝦芒。投入酒內。上蓋盆子。恐其躍跳。隔十分鐘。將蝦取出裝於西式盆內。和入醬油。蘇油。白糖。胡椒。及乳腐汁等。用筷醃拌。便可供食。味很鮮美。

七　醃鹹蛋祕訣

〔醃法〕取食鹽。黃酒。柴灰。茶汁。四物混在一起。使成漿糊狀之濃汁。將鴨蛋個個均黏濃汁。移置壜內。待滿封口。一月之後。便可煮食。

八　醃皮蛋祕訣

〔醃法〕取濃茶汁。將木柴灰石灰鹼鹽等拌在一起。使成團塊。更分作一百小團。每蛋一團包黏均勻。外面滿敷礱糠。將蛋安裝壜內。固封壜口。不可驚動。隔了四旬。便可供食。

九　醃蝦尾祕訣

〔醃法〕取清水和鹽。入鍋燒沸。即將原料陳酒同時加入。二透撈起。將原料平攤蘆蓆。置日光下晒乾。約四五日後。見其完全乾燥。即將原料納入布袋。用棒打擊。殼自脫落。更入篩中篩去碎屑。便成製品。內收藏磁鉢。隨時可食。

一〇　醃鹹鷄祕訣

〔醃法〕取食鹽。將雞之內外四邊。徧擦勻淨。雞之腸賣。也用鹽揑透。納入雞之肚內。將雞裝入缸中。外面再加些食鹽。並加入好酒香料等。荷葉蓋好。用石壓緊。隔了一月。取出瀝乾。用弓張肚。用繩繫足。懸掛在向陽通風之檐下。使其吹乾。隨時可以煮食。

一一　醃鹹魚祕訣

〔醃法〕取魚剖開（大魚去頭開片。小魚去鰓背開。）刮去魚鱗。挖去腸肺。不必洗滌。用手勒去血汁雜物。將食鹹徧擦魚體內外周到。擦就入缸。鹽魚相間。澆入黃酒各香料等。上蓋荷葉。緊壓石塊。半月以後。穿掛晒乾。即可煮食。

一二　醃蘿蔔乾祕訣

〔醃法〕取切就之蘿蔔細條。用鹽醃入缸中。用手捏透。上壓重石。翌日撈起攤開吹晒。見已半乾。仍入缸內。用原露。再醃再壓一夜。便又撈起。攤開再晒。見其半乾。將半乾之蘿蔔細條。裝入壜內。層層用甘草茴香末。醃拌勻淨。待至滿壜。上面澆入用赤砂糖溶過之陳酒。固封壜口。隔月取食。味很香脆。

一三　醃盤香萵苣筍祕訣

〔醃法〕取削就的萵苣笋。用鹽醃入缸中。用石壓緊。隔過三天。將醃就之萵笋苣。撈起吹乾。見已八分乾燥。便根根盤捲。中含玫瑰花一朵。捲就後。另用竹絲筌牢。裝入小壜。固封罎口。越旬取食。香脆無比。

一四　醃筍尖祕訣

〔醃法〕取嫩筍。用鹽重醃入缸內。將石壓緊。隔過兩周。將鹽筍撈起。攤入篩內。向日光下晒。至半乾。將晒過之醃筍。裝入罎內。茴香玫瑰花。也順均勻拌入。待他滿罎。上面澆入白糖黃酒。固封罎口。不可洩氣。半月可食。

一五　醃冬菜秘訣

〔醃法〕取菜和鹽。在大脚盆內用鹽醃勻。竭力揉搦。然後入缸。用石壓緊。數日取出。將醃就之大菜。每顆作一絞。移裝罎內。罎中用香料重重醃勻。待滿罎口。用木槌搦至堅實。然後將柴擗塞封罎口。倒坐擂盆。盆內須盛清水。以阻空氣之出入。隔了數月。即可供食。味很香脆。

一六　醃春芥菜心秘訣

〔醃法〕取菜心切成細屑。先用鹽一斤。醃入缸內。用足踏結。二日以後。將醃過之菜心。取出榨乾。（不可過乾）每斤另用食鹽兩半。和各香料等。重重醃入罎內。醃就。固封罎口。不可洩氣。隔月可食。

一七　醃芥菜及梗秘訣

〔醃法〕取芥菜入大脚盆內。用鹽半斤。竭力揉搦。以根部爲最要。搦就移置缸中。晚間再搦。每日二次。直至鹽盡。取花椒茴香。納入每顆菜之中心。絞成一團。移裝入罎。罎滿。固封罎口。不可洩氣。隔月可食。

一八　醃白菜秘訣

〔醃法〕取白菜。和食鹽。甘草。香料等。逐層醃入缸內。醃就。用石壓結。三天以後。取菜倒執。絞去滷水。另置乾淨罎中。（忌見生水）仍將原露澆入菜中。用石壓緊。七日以後。將菜仍舊絞去滷汁。裝入罈。內用新汲水醃浸。上壓重石。數日可食。若至春間。用沸水焯過。晒乾貯藏。夏日取出。漏水泡浸。絞乾以後用蔴油醃拌飯上蒸食味尤出色。

一九　醃雪裏紅秘訣

〔醃法〕取雪裏紅菜。用鹽醃入缸中。上壓重石。隔過七八天。取起晒乾。（半乾爲度）將晒乾之雪裏紅菜。再用香料末。每菜絞作一團。重重醃入罈內。用木錘搦實。罈菜便將柴圍密塞罈口。倒覆擂盆之上。面盆內盛水。防其洩氣。數月以後即可供食。味很鮮美。

二〇　醃大頭菜秘訣

〔醃法〕取大頭菜用鹽醃入缸中。用石壓緊。隔五六天。將其取出。攤開吹乾。（不可過乾）另用香料。轉醃入罈。固封罈口。翻坐擂盆。半月可食。

二一　醃瓜乾秘訣

〔醃法〕取瓜皮用鹽醃入鉢內。上壓小鼓墩石。隔過三天。將瓜皮取出。平攤篩內。向日光中晒乾。取藏磁器鉢內。隨時可食。

二二　醃酸菜心秘訣

〔醃法〕取芥菜心。用鹽醃入缸中。將手揉捏。隔日將醃就之芥菜心。撈起。捏乾。轉裝罐中。用酸醋。赤糖。醬油等澆入和勻。固封罐口。數日可食。酸美非常。

二三　醃金花菜秘訣

〔醃法〕將金花菜醃鹽入缸。隔過四五天。將其攤開晒乾（微乾為度）用各種香料。重重轉醃入罎。（金花菜也須分紋數十團。則食時取出方不連帶）也用草圈塞口覆坐擂盆上。二十日可食味帶鮮酸。

二四　醃麵筋秘訣

〔醃法〕取麵筋投入鍋中加熱燒熟。便即撈起。用刀切成小塊。將籠底預鋪稻草。將麵筋塊塊攤入上面。再覆稻草並關籠蓋。安置溫暖之地方。隔過數天。即發熱便生霉菌。菌絲很長。再隔數天。見其菌已倒。將菌絲已倒之麵筋（全體已腐透而柔軟）個個擦些食鹽。轉裝大口罎內。用醬油漬浸。固封罎口。兩週可食。

二五　醃鹹薑秘訣

〔醃法〕取薑片。先入鹽礬湯內浸晒兩天。撈起晾乾。再用白鹽拌薑。向烈日中曝晒。見薑上白鹽凝爆。將晒皺之薑片投入鹽梅湯內。一星期後。便可成熟。

二六　醃淡筍乾秘訣

〔醃法〕取筍片入鍋。沸水卓透。便行撈起。將筍片攤於篩中。向日光中晒乾。即可收藏。

二七　醃醉蘿蔔秘訣

(醃法) 取蘿蔔條。先行曬至七分乾燥。便用鹽醃入缽內。隔過兩天。再向日光下曬至九分乾燥。將曬就之醃蘿蔔條。納入罐內。澆下黃酒。不必封口。隔過數日。便發奇臭。臭過反作杏黃色。此時便可供食。

二八　醃醉玉螺祕訣

(醃法) 取玉螺納入瓶內。便將食鹽。黃酒。花椒。蘇油等。澆入瓶中。緊紮瓶口。再搪污泥。以防漏氣。將玉螺瓶移置太陽光中曝晒。四五日後。便可收藏。春季醃浸。秋季成熟。

二九　醃瓜片祕訣

(醃法) 取食醃酒入瓜片碗內。(醃萵苣筍。鹽蘿蔔絲。等手續均同。)用手捏和。隔約半時。傾去滷水。將素油入鍋煎熟。乘手澆入瓜片碗內。用筷攪和。此稱做熱油澆拌。再入白糖。便可供食。味很爽脆。

三〇　醃海蜇祕訣

(醃法) 取紹酒傾入海蜇缽內。用手捏和。將海蜇裝盆。每盆另加醬油。蘇油。白糖等。醃拌供食。味很爽脆。

三一　釀筍祕訣

(醃法) 將蒸熟之筍。或是茭白。用刀切作鑢刀塊。裝入盆中。取醬油。蘇油。澆拌供食。

三二　醉蟹秘訣

〔醃法〕

取蟹五斤。用酒二斤。糖四五兩。鹽六七兩。酌加生薑花椒。將蟹洗淨。與各料同置缸中。浸數日。移於罎中密封之。越數日即成美味。醉蟹可隨時取食。或販賣。色美味香。價格不賤。（栩按蟹之大者。宜揭開其臍。以竹筯戳一孔。更以椒鹽塞滿臍中。並忌燈火照著。致蟹起沙。）

三三　醃番茄秘訣

〔醃法〕

番茄一物。能開胃消滯。而醃番茄之製法。諒爲治家者所樂聞也。法用番茄五磅。切成薄片。分層排外盆內。每層各以鹽漬之。過十二小時後。始將鹽水傾去。旋將番茄改置洋磁鍋內。加醋二升。糖半磅。椒粒。芥末。丁香。薑末各二錢半。煑至番茄軟時爲度。俟熱氣退盡。即用瓶貯之。

三四　醃醉蘿蔔秘訣

〔醃法〕

先將蘿蔔洗淨。用刀切成細條。吹乾。然後醃入缸中。越夜撈起晒乾。再入缸內過夜。仍起晒乾。後收入罎中。用鹽酒糖甘草末茴香末。重疊醃勻。用石緊壓其口。以防洩氣。

三五　醃粉皮秘訣

〔醃法〕

取粉皮切成絲條。放在熱水中漂淨。再將黃瓜去子切絲。用鹽擦去其汁。一同置入盆中。然後以醬油麻油及芥辣油等。加入拌之。食之清爽異常。

三六　醉蚶子祕訣

〔醃法〕將蚶子殼洗淨。再養清泥污。然後倒入鍋中加紹酒醬油等燒至半熟。殼自張開。盛入洋盆內。味甚清鮮。

三七　醃海蜇祕訣

〔醃法〕將海蜇用溫水洗淨。置於碗內。上面加白糖青葱等。然後將油鍋燒熱。用熱油澆之。隨澆隨拌。再加醬油蔴油。即可供食。爽脆異常。

三八　醃豬腰祕訣

〔醃法〕將腰子剝去外皮。用廚刀切成二爿。去盡白筋。再切成花。以清水洗一二次。浸漬於紹酒中。然後將花椒末泡以開水。待其冷却。入腰花洗浸。撈起用開水泡之。再用紹酒醬油蔴油拌之。味之鮮嫩無比。

三九　醃茄子祕訣

〔醃法〕擇茄子之嫩者。（色澤鮮明者）去其包蓋。兩手握稻草灰。將茄子迴旋摩擦。（所以去其皮上之黝紫色。而使皮柔軟也。其未經此手續者。食時其皮有硬澀之患。）至其皮柔潤無光爲止。用水洗淨。以鹽搽之。（宜稍鹹。否則易酸。）一日即可取食。如喜食糟味者。可將其滷傾去。加入老糟拌之。蓋密勿令洩氣。臨時取食。味香兼佳。尤爲爽口。

四〇　醃瓶菜祕訣

〔醃法〕二三月之交。摘菜芽。揀去其花蕊。切二三寸長。洗淨後。於日中曬至半乾。以鹽醃之。隔一夜。榨去其汁。再覆以鹽。緊實小壜中。以箬封壜口。倒置稻草灰中。經三月。至夏令盛暑時。出作菜羹。殊清爽。或和粥而食之。亦佳。醃金花菜之法亦然。

四一　醃泡魚秘訣

〔醃法〕將鯉魚破肚去鱗。用竹梗撐開。作魚板狀。用食鹽。皮硝。花椒等入鍋炒好。將魚板兩面擦透。醃在缸內。越一年後。懸起晒乾。切成長三寸闊二寸之魚塊。用紹酒浸五分鐘。撈起吹乾。然後將罎內洗淨。用火烘乾。加熬熟菜油於罎內。冷一宵。將魚浸堆其中。以浸沒爲度。越時一月。清蒸爲佳。

第十一章　西菜部

一　煑清肉湯秘訣

〔煑法〕將肉切成碎屑●去脂肪。置入罐中。加清水沈澱半小時。用烈火煑透撇去脂肪。改用文火煑三小時。將蓋蓋緊。取紅白蘿蔔各一片。豆蔻一枚。芹菜一枝。葱椒鹽少許。小挂菜。青菜各一棵。洗淨。一升納入夏布袋中。紮住。放入肉湯鍋中。用文火煑二小時。濾清。再煑兩沸即成。

二　煑濃肉米湯秘訣

〔煑法〕將米同冷水入鍋兩沸●以米軟爲止●濾過再用清水漂過。加入肉湯。及鹽。胡椒。煑沸即成。

三　煑番茄湯秘訣

〔煑法〕將牛油入鍋熔化。取鹽肉。蘿蔔。芹菜。葱切成細片。加入用火煑五分鐘。然後將切碎之番茄。青菜。鹽。及肉汁。用文火煑熟。去青菜渣滓。在甖內擦過。將湯再下鍋。加入熱牛奶半品脫。用少許冷牛奶。同六穀粉調和。加入湯內。攪拌至沸。煑三分鐘。加糖起鍋。

四　煑犢肉湯秘訣

〔煑法〕湯鍋加水六升。將敲碎之小牛關節骨放入。放爐火上煑三小時。用司克摩濾淨骨屑。將馬介六尼即外國麵加入。煑到十分柔軟時。再加葱薑。食鹽。乳油。用湯勺徐徐攪和略煑即成。此湯係調味所用。有滋補人身骨節之益。其味鮮美。

五　煮鮑魚湯秘訣

〔煮法〕
先將罐頭鮑魚。置沸水鍋中。煮二十分鐘取起。用開罐刀撬開罐蓋。取出鮑魚汁及脂肪隔日既久毫無鮮味、有用有不用。將鮑魚片同調味湯（魚肉湯雞肉湯皆可用）放入湯鍋中煮沸用湯勺撩淨浮屑。加食擦少許。取起可食。

六　煮火腿鷄絲湯秘訣

〔煮法〕
用刀將火腿之皮及變灰褐色之爛肉削去、切成細條。再取鷄肉去骨切成細條。同調味鷄湯。一起放入湯鍋中。置爐上用文火煮沸、用勺打淨浮屑。若嫌味淡。加鹽少許可食。

七　煮火鷄湯秘訣

〔煮法〕
先將火鷄之肉完全削下。切成小塊。將骨脚等。先置入湯鍋中。加水三升。將馬鈴薯球葱放入。置文火爐上煮四小時。若湯重減去。當加以溫牛乳。及沸水略煮。片刻用司克摩濾淨骨脚葱。薯浮屑。再置火上。取火鷄小塊加入。並加以食鹽檸檬皮茴香克辣。加麵包屑。略煮五分鐘。加入鷄蛋煮沸即可食矣。

八　煮諾特耳湯秘訣

〔煮法〕
將鷄蛋敲開。傾入盆中。加食鹽調和。將麵粉徐徐注入。調拌用手重捻成團。置木板上捻和成餅首形。用手壓成薄片。如荷葉狀。捲成條子。用刀切成長形片。置湯鍋中。加調味之牛肉湯。或其他鮮味湯亦可。置爐上煮十分鐘。可食矣。

九　煮波蛋湯祕訣

〔煮法〕取水入鍋。先行燒沸。將鷄蛋剋入鍋中。和以食鹽。閉緊鍋蓋。煮沸後。用湯勺撩淨上面之浮沫。俟蛋黃凝結。即可起鍋供食矣。

一〇　煮扁豆湯祕訣

〔煮法〕將扁豆。青菜。放入鍋中。加水燒至水分減少。宜徐徐加以沸水。俟豆軟爲度。即可盛起。置入壓榨器內榨出豆汁。再倒入布囊中。濾去渣屑。放入湯鍋中。加以食鹽。胡椒末。再煮二十分鐘。一面將麵包小塊。放在湯盆中。將豆湯倒在上面。即可供食矣。

一一　煮龍蝦湯祕訣

〔煮法〕先將龍蝦剝去頭殼。入湯鍋中。加牛乳和冷水兩倍。用文火煮一小時。撩起蝦肉。分作兩份。一份每隻切成二三段。置湯盆中候用。一份入查兵薄耳中搗爛。投入鍋中。煮半小時。再好切斷之蝦肉。同食鹽加入煮沸。即可出鍋供食矣。

一二　煮牛乳湯祕訣

〔煮法〕先將鷄蛋剋入湯碟中。加以麵粉。食鹽。胡椒末。用鐵筷攪和。一面將牛乳倒入鍋中。加水用文火煮沸。將攪和之鷄蛋粉徐徐注入。用湯勺掏和。湯即濃厚。就可取起供食矣。若喜食甜者。可減少食鹽。除去椒末。加以白糖適量可食。

一三　煮史肥子湯祕訣

〔煮法〕

先將馬鈴薯用水洗淨。去皮切成薄片。放入湯鍋中加水用文火煮二小時許。將乳油食鹽胡椒末一併加入。再煮一沸。即可供食。不過鮮味略遜。須加以大肉湯或鷄湯方妙。

一四　煮肥兒芹湯祕訣

〔煮法〕

將芹菜放入湯鍋中。加水燃燒煮軟。將芹菜取起。倒去鍋中之水。揩乾。放入調味肉湯兩勺。加水一勺。將芹菜放入。並加以乳油食鹽。再煮三分鐘。一面將麵包塊放入湯盆中。將此湯澆在上面。即可供食。

一五　煮炸犢牛祕訣

〔炸法〕

先將肋骨上之肉削下。切成片狀。將骨切斷。每片肉黏附骨一片。用刀背碰擊使軟。搽以少許食鹽同胡椒末。再塗雞蛋黃。糁上麵包屑。放入沸之牛油鍋中。煎熟剷起。一面將腿肉切片。塗上蛋黃同麵包屑球葱芫荽。一并放入鍋中。煎熟剷起。同肋骨肉合併一起。再塗蛋黃。糁上麵包屑。將乳油入熱鍋中溶烊。將肉一起放入用烈火炸到熟透。剷起。放在鋪洋紙之湯盆中。吸去油分。即可裝碟供食。

一六　煮炸鷄片祕訣

〔炸法〕

將鷄殺就。去毛血腸雜。洗淨。切去頭。脚。扇膀。除去粗骨。平均切成四塊。用刀背敲扁。搽上鹽同胡椒末。放在湯盆中。注入烏司太宿司少許。靜置三十分鐘。糁上麵粉。將蛋黃塗上。外加麵包屑。一面將豬油倒入鍋中。用烈火煑沸。將鷄塊放入。炸成深黃色。剷起置洋紙上。吸去油分。移放碟中。供食。

一七　炸鴨片祕訣

〔炸法〕

先將鴨殺就。浸在沸水中。去淨毛及腸雜。除去頭脚鴨膀並粗骨及無肉處。平均切成四塊。用刀背敲扁。將食鹽胡椒末球葱少許。搽在肉上。放在湯盆中。加以烏司太宿司。靜置三十分鐘。將乾麵粉同蛋黃。塗上外面。糁上麵包屑。一面倒豬油入鍋煑沸。將鴨塊放入。炸至深黃色。剷起置洋紙上。吸去油分。移放碟中。即可供食。

一八　炸黃魚祕訣

〔炸法〕

先將鹽黃魚剖成兩片。切成六塊。去背骨。放湯盆中。注入葡萄酒及烏司太宿司。糁上少許麵粉。塗上蛋黃。糁上葱及洋芫荽屑。一面倒乳油入鍋。將魚肉煎成淡黃色。剷起再拌上少許蛋黃及麵包屑。然後倒豬油入鍋。燒透。將魚肉投入。炸成深黃色。剷起。放洋紙上。吸去油分。移置碟中。即可供食。

一九　炸雉肉祕訣

〔炸法〕

先將野鷄肉切成長方塊。（約一寸長。厚闊相等。在四分左右）搽以食鹽少許。放入湯盆中。注入烏司太宿司。靜置半小時。糁上麵粉。外塗蛋黃同胡椒末少許。再糝上麵包屑。一面將猪油倒入鍋中煑沸。將雞肉放入炸成深黃色。剷起放在洋紙上。吸去油分。即可供食。

二〇　炸鮮筍祕訣

〔炸法〕取油入鍋。先行燒透。然後將筍條搽以鹽及胡椒末。投入鍋中。炸成黃色。取起。置洋紙上。吸去油分。糝上香料。並加以頂好醬油。即可供食矣。

二一　煎鱸魚祕訣

〔煎法〕將鱸魚剖成兩片。切成三段。拭乾水漬。先將麵粉糝上。再塗蛋黃一面。將猪油倒入鍋中燒透。將魚放入。煎至兩面成黃。將酒同食鹽灌在上面。略煑取起。糝上胡椒末。加熟菜少許。供食。

二二　煎牛肉祕訣

〔煎法〕先將球葱。食鹽。椒末。倒在蛋汁中調和。拌在牛肉排上。糝上麵包屑。後將猪油入鍋燒透。將牛肉置入煎成黃色。便可起鍋。供食。

二三　煎龍蝦祕訣

〔煎法〕先將龍蝦切去頭皮。從背脊骨剖分兩片。拌上麵粉。雞汁入鍋煎成茶色。加上食鹽椒末。即可取起。供食。

二四　煎牛膾祕訣

〔煎法〕先將乳油入鍋燒透。將牛肉切成薄片。投入乳油中。兩面煎黃。剷起放砧上。切成細末。加以葱。鹽。椒末。入缽搗爛。用手做成小餅子。將麵粉及蛋汁塗上。糝以麵包屑。將豬油入鍋燒透。將肉餅子倒入。煎黃取起。糝以胡椒末及鹽即可供食。

二五　烤竹雞秘訣

〔烤法〕先將鷄殺就。將喉管及尾剪開。洞口宜小。以容二指爲度。挖去腸雜。用水洗淨揩乾。加入食鹽。椒末於腹中。外面塗上乳油。置大灶上烘烤。隨時將乳油塗上。不令外面乾燥。約烤四十分鐘。塗上鏗納油。再烤少時。取起供食。

二六　烤鴿子秘訣

〔烤法〕先將牛乳。麵包屑。鹽。椒末。洋芫。荽屑。一并納入鴿腹中。將口縫閉。穿在烤叉上。塗上乳油。入大灶中。烤之時塗乳油。約烤二十分鐘。取下放在盆中。加上牛肉厚汁。即可供食。

二七　烤鴨秘訣

〔烤法〕將鴨殺就。在尾部剪一小孔。挖去兩臟。瀝去血水用醬油注入腹中。外搽食鹽。置一夜後。將醬油汁倒在湯盆中。以麵包屑。芫荽屑。食鹽。胡椒末加入。拌和。納入鴨腹中。用線縫口。塗上乳油及麵粉。放入烤鍋中。加水少許。在灶上烤兩小時。塗以乳油及牛乳。勿使乾燥。最後塗上宿司。穿叉上。在文火上略烘片時。割肉放在碟中。注少許烏司太宿司。即可供食。

二八　烤兔子秘訣

〔烤法〕先將葱屑。麵粉。麵包屑。宿司。乳油半杯。入蛋汁中調和放入兔腹中。將口縫合。再將乳油塗上。放鍋中烤二小時。隨時注入牛乳。勿使乾燥。俟熟。加以烏司太宿司及椒末。即可供食。

二九　宿司烤牛肉秘訣

〔烤法〕先將牛肉片。及鯽魚。牛油。乳油。麵包屑。球葱。檸檬皮。食鹽。椒末。一并拌和放在鍋中烤半時。取出。一面將乳油倒入鍋中。熔後。調入麵粘兩匙。加文鯽魚。球葱。食鹽等。煑半時。加以牛肉同煑片時。再將蛋黃調和加入。切開巴實。即可供食。

三〇　汗波喀烤牛肉秘訣

〔烤法〕先將牛肉削去脂肪。切成肉腐。做成橢圓形肉塊。將乳油入鍋熔解。將葱屑食鹽少許。糁在肉塊上。投入鍋中煎至兩面成黃。取出塗上乳油。放烤網上烘烤。一面將少許食鹽。麵粉同葡萄酒加入鍋內之肉汁中攪拌成膩。塗在肉塊上。即可供食。

三一　烤鴿肉秘訣

〔烤法〕先將溶乳油一匙。放入盆中。加以芫荽屑。麵包屑。鹽。椒末。酒。用筷調和。倒入鴿腹中。密縫孔口。放烤網上烘烤。不時塗以乳油。俟半熟時。糁上鹽及椒末。俟完全熟透。將乳油少許入鍋熔解。投入麵包煎黃。取起置盆中。將鴿肉放在上面。加上牛肉汁。即可供食。

三二　燒加厘鷄秘訣

〔燒法〕先將鷄切塊。放在鍋內。加開與鷄相等。加入葱薑。置爐子上煑三小時。取出。放入小鍋中。加奶油少許。原湯一杯。煑沸。再將加厘粉。同奶油麵粉。食鹽。原湯調和。倒在鷄上再煑。俟熟即可供食。

三三　鷄蛋腦格秘訣

〔煑法〕將鷄蛋剋開。黄白分注兩碗。用竹筷充分調和。將白糖加入蛋黄中調和。將蛋白加入。並加酒及牛奶調和。即可供食。

三四　煑海蜊秘訣

〔煑法〕將海蜊放入鍋中。放爐子上煑熟。將乳油。乳皮。餅屑鹽椒末加入煑到將近發沸。即可供食。

三五　煑海蜊餅秘訣

〔煑法〕將麵粉。牛奶。加入已調和之鷄蛋中。充分攪和。成粘糊狀。用大匙撈起一匙。加以海蜊一個。即倒入猪油鍋中。至兩面黄色。取出可食。

三六　煑特臘以哈希秘訣

〔煑法〕將猪油入鍋燒透。投入牛肉片。煎至淡黄。劃置盆中。將球葱入鍋炒攪。劃置小碟中。然後將牛肉片切成肉醬。同葱屑。鹽。椒末。肉湯半杯。麵粉一匙。放入鍋中煑熟。一面將馬鈴薯蒸熟。去水分。搨爛與調和之蛋白。及鹽。椒末。乳油一匙。加入拌和。撈以一撮。放在掌心。做成罐蓋型。放在烤架上。將馬鈴薯混合物。堆在周圍。然後將肉嚮置在其中。用馬鈴薯混合物蓋面。上洒以蛋黃。質再篩以麵包屑。放入大灶中烤半小時。取出。切成平均圓片。分置滋盆中。加少許玉葱宿司。在上面。即可供食。

三七　煑薩希司祕訣

〔煑法〕

先將猪大腸洗淨。瀝去水分。一面將猪肉。火肉。用刀削去皮及脂肪。切成細屑。拌和。塞入猪大腸中。加鹽及椒末。摺疊置湯鍋中。每摺約長二寸。加水將馬鈴薯胡蘿蔔片加入。用文火煑爛爲度。先將烤肉屑置盆底。再將猪腸切斷。放在上面。即可供食。

三八　煑赤茄祕訣

〔煑法〕

將赤茄塊同冷水放入鍋中。煑爛。取出。用篩濾去渣屑。將油入鍋。投入肉類煎熟。加入麪粉鹽。在肉湯中。並把茄塊香料蔬菜及酒。加入。再煑一時。即可供食。

三九　煑肉凍膏祕訣

〔煑法〕

將檸檬。丁香。球葱。胡椒末。洛勒叶。醋。肉湯等。放入湯鍋中煑沸。加入牛肉。用文火煑四小時。將肉取出。切片置湯盆。　將小牛腿同鹽。酒。椒末。一併投入湯鍋中。再煑兩時。用濾布取汁。注在牛肉上。放入冰箱中。使凍即可供食。

四〇　煑噴氣狄耳宰祕訣

〔煑法〕

取濃茶一升。同骨膠。洛姆。投入湯鍋中溶解。加沸水一升。將白糖。檸檬。（去皮搗爛）枳皮兩只切細葡萄一碗。一併投入煮到溶解成汁。濾去渣滓。注入賽離模中。使其冷凝。暑天置於冰箱中凝凍。即可供食。

四一　製司帕迷蛋餅秘訣

〔製法〕將白糖投入蛋黄中調和。越時再將蛋白加入調和。一面將乳油倒入鍋中。將蛋調下。置火灶中烤之。俟熟取出。加以糖漿。即可供食。

四二　製昆非丑侖蛋餅秘訣

〔製法〕先將蛋黄同白糖調和。將蛋白加入牛乳中調勻。加入麵粉。充分攪和。一面將乳油倒入鍋中。放在灶上烤熟。即可供食。

四三　製巴旦杏布丁秘訣

〔製法〕先將巴旦杏入研鉢中搗碎。加入蛋黄。白糖。檸檬皮。攪和。加入麵粉。蛋白。桂皮。拌搗半時。有泡爲度。一面將乳油塗在模型中。糝上麵包粉。然後將巴旦杏倒入。放在灶中。烤熟供食。

四四　製馬鈴薯麵皮秘訣

〔製法〕將馬鈴薯煮熟。用杵搗爛。放入鉢中。加以麵粉。牛乳。蘇打及一半乳油。用手拌和。放在櫈上。用趕杖向外趕薄。隨趕隨擦以乳油。即成。

四五　製巴克饅頭秘訣

〔製法〕將麵粉與酵餅混合。加入牛乳。乳油。鹽。白糖。捏勻。愈凝愈妙。捏好置盆中。俟其發大至一倍。即捏成球形。置乳油鍋中。待其再發大一倍。用木桿向球形中剌一深痕。將乳油入鍋使溶。塗於球形之半。末塗一半。對合折疊用手壓使連。俟再發大放入火灶上烘之。待熟透取出。塗以菓子漿即可供食。

四六　製娥媚小包祕訣

〔製法〕將牛乳。乳油。白糖。食鹽。同酵餅混和。加入麵粉。搓捏鬆軟。靜置暖處。使其發大一培。即將其做成半月形。待其再發大一培。可將乳油入鍋。放入包子烘烤。俟熟即可供食。

四七　製玫瑰麵包祕訣

〔製法〕將乳油入鍋燒透。將麵包注入。放在灶中烘烤。俟熟取出。塗以玫瑰漿。即可供食。

四八　製咖啡糖祕訣

〔製法〕將咖啡茶汁倒入鍋中。加入黃糖。酒石精。用急火煑沸。俟糖漿粘滿。可加入香料拌和。倒入大盆中。俟半冷時用手搓捏成方塊。裝入瓶中靜置使糖汁成膏以便可食。

四九　製奶油糖祕訣

〔製法〕將糖與咖啡。檸檬汁。鹽。香料。混和同清水一井入鍋煎煑。俟煑成厚汁。用銅扦撩起少許滴入清水盆中成硬球形狀爲度將乳油加入拌勻。

再煑至滴入水中成碎狀。倒商扁鍋內。等到凍結。切成方粒。便可供食。

書名：食譜秘典
系列：心一堂 • 飲食文化經典文庫
原著：【民國】李克明
主編 • 責任編輯：陳劍聰

出版：心一堂有限公司
通訊地址：香港九龍旺角彌敦道六一〇號荷李活商業中心十八樓〇五一〇六室
深港讀者服務中心：中國深圳市羅湖區立新路六號羅湖商業大厦負一層〇〇八室
電話號碼：(852) 67150840
網址：publish.sunyata.cc
淘宝店地址：https://shop210782774.taobao.com
微店地址：　https://weidian.com/s/1212826297
臉書：　　　https://www.facebook.com/sunyatabook
讀者論壇：　http://bbs.sunyata.cc

香港發行：香港聯合書刊物流有限公司
地址：香港新界大埔汀麗路36號中華商務印刷大厦3樓
電話號碼：(852) 2150-2100
傳真號碼：(852) 2407-3062
電郵：info@suplogistics.com.hk

台灣發行：秀威資訊科技股份有限公司
地址：台灣台北市內湖區瑞光路七十六巷六十五號一樓
電話號碼：+886-2-2796-3638
傳真號碼：+886-2-2796-1377
網絡書店：www.bodbooks.com.tw
心一堂台灣國家書店讀者服務中心：
地址：台灣台北市中山區松江路二〇九號1樓
電話號碼：+886-2-2518-0207
傳真號碼：+886-2-2518-0778
網址：http://www.govbooks.com.tw

中國大陸發行　零售：深圳心一堂文化傳播有限公司
深圳地址：深圳市羅湖區立新路六號羅湖商業大厦負一層008室
電話號碼：(86)0755-82224934

版次：二零一四年十二月初版，平裝

心一堂微店二維碼　心一堂淘寶店二維碼

定價：港幣　七十八元正
　　　人民幣　七十八元正
　　　新台幣　二百九十八元正

國際書號 ISBN 978-988-8316-17-5